创新菜 川味 招牌

招牌川味菜系

张刚 编著

 甘肃科学技术出版社

图书在版编目（ＣＩＰ）数据

招牌川味创新菜 / 张刚编著. -- 兰州 ： 甘肃科学
技术出版社，2017.8
ISBN 978-7-5424-2427-3

Ⅰ．①招… Ⅱ．①张… Ⅲ．①川菜－菜谱 Ⅳ.
①TS972.182.71

中国版本图书馆CIP数据核字(2017)第231904号

招牌川味创新菜
ZHAOPAI CHUANWEI CHUANGXINCAI

张刚　编著

出 版 人　王永生
责任编辑　何晓东
图文制作　深圳市金版文化发展股份有限公司

出　版　甘肃科学技术出版社
社　址　兰州市读者大道568号　730030
网　址　www.gskejipress.com
电　话　0931-8773238（编辑部）　0931-8773237（发行部）
京东官方旗舰店　http://mall.jd.com/index-655807.html

发　行　甘肃科学技术出版社　　　印　刷　深圳市雅佳图印刷有限公司
开　本　720mm×1016mm　1/16　　印　张　10　字　数　168 千字
版　次　2018年1月第1版　　　　印　次　　2018年1月第1次印刷
印　数　1～6000
书　号　ISBN 978-7-5424-2427-3
定　价　29.80元

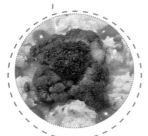

川菜为什么火爆全世界

（代序）

　　菜系因风味而别，风味则因各地物产、习俗、气候之不同而异。所以，广大的中国有了"四大菜系"、"八大菜系"、"十大风味"，大致呈现出南甜北咸、东辣西酸的格局和五味调和、各具风味的多彩之态。在相对封闭的年代，人们都吃着家乡的风味菜长大、成长，感受着故土给我们的恩赐和厚爱。

　　世界那么大，我想去看看。人有趋于稳定的惰性，也有趋向求变的冲动。当然，由于政治、经济和交通等原因，过去能游历各地、感受不同的人只是少数，但现在不同了，南来北往、东奔西走已经成了很多人的常态，交流由此剧烈深入，风味由此加速传播。而这一轮新的传播中，影响最大、走得最远最宽者，非川菜莫属。毫不夸张地说，凡有人群的聚集处，都能看到川菜的身影。在中国如是，在世界各地也大体差不多。如果从餐馆绝对数量和分布面广阔这两个指标来看，川菜无疑已经成长为中国最大的菜系，没有之一。

　　那么，问题来了。同样是深耕于一地的川菜，为什么能在群雄逐鹿中脱颖而出，影响力日趋巨大呢？

　　问题虽然尖锐，答案并不复杂。

　　川菜被公认为是"平民菜"、"百姓菜"，这一亲民的特征，源于川菜多用普通材料做出美味佳肴，是千家万户都可以享受的口福。同样的麻婆豆腐、夫妻肺片，既可以上国宴，也可以在路边的"苍蝇餐馆"吃到，还可以自己在家中自烹自乐。花钱不多，吃个热乎。亲民者粉丝多，是再自然不过的现象了。此为答案一也。

　　川菜是开放性的菜系。自先秦以降，2000多年以来，四川经历了多次规模壮观的大移民。来自全国各地的人们，把自己本来的饮食习俗、烹调技艺与四川原住民的饮食习俗在"好辛香，尚滋味"这一地方传统的统领下，形成了动态、丰富的口味系统，使川菜享有了"一菜一格，百菜百味"的美誉。麻辣让人领略酣畅淋漓的刺激，清鲜令君感受温暖关爱的深情。选择可以多样而丰富的体验，是川菜一骑绝尘备受追捧的内因。此为答案二也。

川菜是具有侵略性、征服性的菜系。用传统医学的说法是，辛辣的食物刺激性强，有行血、散寒、解郁、除湿之功效，有促进唾液分泌、增强食欲之功能。科学研究表明，辣椒和花椒因为一种叫Capsinacin的物质而有麻痹的作用，它超越味觉的层面，直达人的神经系统促进兴奋，能让人越吃越上瘾。"上瘾"的东西一旦染上，要戒掉是很难的。所以非川人吃川菜常常是边吃边骂，骂了还要吃，完全是"痛并快乐着"的饕餮景象。这正是川菜具备侵略性、征服性最根本的原因。进一步说，川菜这种追求刺激、激发活力的特征正因应了当今时代求新求变、勇于破除常规、提升创造力的社会心理和消费心理。再加上川人向外的流布在本来基数就很大的基础上有加速的态势，促进着川菜的更快传播。此为答案三也。

问题回答完毕，回到本套丛书。川菜飘香全球，各色人种共享，无疑是世界品味中国的一道最具滋味的大餐。正是在这一背景下，我们编纂了这套"招牌川式菜"丛书，一套四册。本着把最美的"人间口福"带给千家万户的态度和愿景，我们以专业的眼光、实用为本的原则，精选了1000余款川菜和川味小吃，做到既涵盖传统川菜之精华，又展现创新川菜之风貌。在此基础上，还给出了多数菜式大致的营养特点，希望能帮助你在不同的季节、不同的健康状况下，选择每一天最适合自己的美食，做一个健康的美食人。同时，考虑到也许有一部分读者，下厨经验不足，我们还精选了数百条"厨房小知识"，希望能有助于初入厨房的你，少走弯路，快乐轻松地烹饪自己属意的美食。

好了，准备好了吗？

准备好了，就挽起袖子，拿起菜刀和勺子，开始自己美妙的川菜之旅！

开启小家庭的幸福生活！

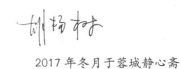

2017 年冬月于蓉城静心斋

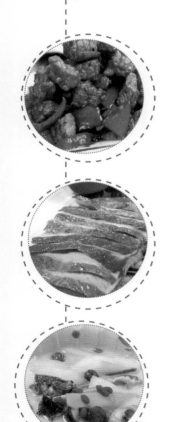

Contents

Part 1

凉菜

Part 2

热菜·畜肉篇

Contents

Part 3

热菜·禽肉篇

Part 4

热菜·水产篇

Part 5

热菜·素菜篇

Part**6**

汤菜

Part 1 清清凉凉 唇齿留香

招牌川味创新菜之

凉 菜

川式新派凉粉

主料：
凉粉。

调料：
● 小米椒、葱叶、花椒、姜、蒜、盐、醋、味精、鲜汤、葱花、香油各适量。

制作方法：
1. 凉粉改刀成条装于盘内；小米椒剁碎；葱叶和花椒剁细成椒麻；姜蒜切成米。
2. 小米椒碎、椒麻、姜蒜米、盐、醋、味精、鲜汤、香油入碗，调匀成味汁。
3. 将调好的味汁淋于凉粉上，撒上葱花即可。

操作要领：
可以根据自己的口味加入红油或泡椒油。

营养特点
凉粉由绿豆淀粉制成，含有碳水化合物和蛋白质等。

橙香浸山药

主料：
山药、柠檬片、圣女果。

调料：
● 橙汁、白糖各适量。

制作方法：
1. 山药洗净，入笼蒸约 20 分钟取出，去皮冲凉后改刀。
2. 山药装入盘中，用柠檬片、圣女果围边，再淋上用橙汁、白糖调制的汁即可。

操作要领：
蒸山药时，要用大火蒸熟。

营养特点
山药含有蛋白质、糖类、维生素、脂肪、胆碱、淀粉酶等成分，还含有碘、钙、铁、磷等人体不可缺少的元素，具有补脾养胃、补肺益肾的功效。

凉拌金双耳

主料:
水发银耳、水发黑木耳。

调料:
● 蒜子、香菜、枸杞、麻油、盐、味精、白醋各适量。

制作方法:
1. 水发银耳洗净改成小朵,水发黑木耳洗净切丝,枸杞泡透,蒜子切成米,香菜洗净切段。
2. 烧锅加水,待水开时,投入银耳、黑木耳,用大火烫片刻,捞起冲凉待用。
3. 在碗内加入银耳、黑木耳、枸杞、蒜子、香菜,调入盐、味精、白醋、麻油,拌匀即可。

操作要领:
银耳、黑木耳不要烫得太过。

营养特点
黑木耳具有活血养颜、凉血止血的作用。

手撕笋

主料:
带壳扁笋。

调料:
● 姜片、葱段、盐、白糖、味精、鸡汤各适量。

制作方法:
1. 姜片、葱段、盐、白糖、味精、鸡汤入锅烧沸,放入扁笋煮熟,关火晾凉。
2. 取出煮熟晾凉的扁笋,改刀成段装于盘中即可。

操作要领:
煮好的笋子浸于原汤中冷却,这样口味更鲜美。

营养特点
经常食用笋子对心脏病、高血压、心率过速、疲劳症等有一定的疗效。

凉拌八鲜

主料：
黄豆芽、黄瓜、青椒、腐竹、金针菇、芹菜、胡萝卜、香菜。

调料：
● 香油、醋、生抽、糖、精盐各适量。

制作方法：
1. 将所有主料择洗干净，黄瓜、胡萝卜切丝，芹菜切段，青椒切丝，腐竹泡好切段，香菜切碎。
2. 黄豆芽、金针菇、芹菜、腐竹等入开水里煮下，捞出入凉开水中泡10分钟，捞出沥水。
3. 把所有的主料放在一起，加入调料，搅拌均匀，片刻入味即可食用。
4. 在碗内加入银耳、黑木耳、枸杞、蒜子、香菜，调入盐、味精、白醋、麻油，拌匀即可。

操作要领：
腐竹要先用水泡发，它和金针菇、芹菜要煮至熟透方可入菜。
加热豆芽时一定要注意掌握好时间，八分熟即可。加些醋更能保持豆芽的爽脆鲜嫩。

营养特点
黄豆芽清热明目、补气养血；金针菇补肝、益肠胃；黄瓜清热利尿、健脑安神；芹菜清肠利血、润肺止咳、健脑镇静。此菜属于纯素菜，除富含营养外，还能调理肠胃功能。

厨房小知识
泡好腐竹的方法是提前两小时用温水浸泡，并用盘子压住漂浮在水上的腐竹。

冰镇芦笋

主料:
芦笋、心里美萝卜。

调料:
- a料: 芥末、日式万字酱油;
- 盐、色拉油。

制作方法:

1. 芦笋削去粗皮,切成长段;心里美萝卜切成长条。
2. 炒锅上火烧清水至沸,加入盐、色拉油,放入芦笋煮至断生,打起浸泡于凉水内透凉,然后同心里美萝卜一起,摆放在垫有冰的盛器内。
3. a料入碗,同芦笋上桌蘸食。

操作要领:
芦笋不宜生食,所以一定要将其煮熟。

营养特点
芦笋所含蛋白质、碳水化合物、多种维生素和矿物质的质量优于普通蔬菜,是理想的健康食品和抗癌食品。

厨房小知识
煮芦笋的时间不宜过长,煮熟后应马上用冷水冲泡,否则不脆。

椒麻鸡片

主料：

鸡脯肉、黄瓜、花生碎。

调料：

● 芝麻酱、鸡粉、生抽、陈醋、辣椒油、花椒油、盐、白糖、白醋、料酒、葱段、姜片、蒜末、葱花各适量。

制作方法：

1. 洗净的黄瓜对半切开，斜刀切成不断的花刀，再切段。
2. 黄瓜装入碗中，加入少许盐，搅拌匀，腌渍5分钟。
3. 再加入白糖、白醋、生抽，搅拌均匀。
4. 锅中注入适量清水，大火烧开。
5. 放入鸡脯肉、盐、料酒，搅拌片刻。
6. 倒入备好的姜片、葱段。
7. 盖上锅盖，中火煮20分钟至熟透。
8. 取一个碗，放入花生碎、芝麻酱、少许盐。
9. 再倒入鸡粉、生抽、陈醋、辣椒油、花椒油。
10. 注入少许清水，搅拌片刻，再加入蒜末、葱花，拌匀。
11. 将腌渍好的黄瓜摆入盘中，摆上调好的椒麻汁。
12. 掀开锅盖，将鸡肉捞出放凉。
13. 将放凉后的鸡肉切成片。
14. 将鸡肉片放在黄瓜上即可。

操作要领：

如果喜欢爽脆的口感，可以将黄瓜腌渍的时间缩短。

营养特点

本菜有温中益气、补精添髓、除湿止痒的食补之效。

厨房小知识

鸡肉煮熟后，用原汤泡上，可以避免鸡肉发干，影响口味。

怪味鸡丝

主料：
鸡胸肉、绿豆芽。

调料：
● 芝麻酱、鸡粉、盐、生抽、白糖、陈醋、辣椒油、花椒油、姜末、蒜末各适量。

制作方法：
1. 锅中注入适量清水烧开，倒入鸡胸肉，搅拌均匀。盖上盖，烧开后用小火煮约15分钟。揭开盖，关火后捞出鸡胸肉，放凉待用。
2. 把放凉的鸡胸肉切片，改切成粗丝。
3. 锅中注入适量清水烧开，倒入洗好的绿豆芽，煮至断生，捞出绿豆芽，沥干水分，放入盘中，待用。
4. 将鸡肉丝放在绿豆芽上，摆放好。
5. 取一个小碗，放入芝麻酱，加入鸡粉、盐、生抽、白糖，倒入陈醋、辣椒油、花椒油，拌匀，倒入蒜末、姜末，拌匀，调成味汁。
6. 将调好的味汁浇在食材上即可。

操作要领：
绿豆芽不宜煮太久，以八九分熟为佳，以免影响口感。

营养特点
鸡肉钾硫酸氨基酸的含量很丰富，因此可弥补牛肉及猪肉的不足。

厨房小知识
怪味是川菜特有的一种味型，咸甜辣麻酸香鲜七味俱全，又互不压味，别有一番滋味。

花仁拌猪手

主料：

猪蹄、鲜花仁、青红尖椒。

调料：

● 蒜茸、盐、味精、香油、姜、葱、料酒各适量。

制作方法：

1. 猪蹄入加有姜、葱、料酒的汤锅内煮至熟，捞起晾凉后去骨切成丁；鲜花仁洗净；青红尖椒切成圈。

2. 猪蹄、鲜花仁、青红尖椒圈同置一盆内，加入蒜茸、盐、味精、香油拌匀，装入盘中即可。

操作要领：

猪蹄也可以入卤水锅中卤制成熟，然后再拌。根据自己喜好，可以加入红油。

营养特点

猪蹄中含有丰富的胶原蛋白质，可延缓人衰老。

捞拌蜇头

主料：

海蜇头、乳瓜。

调料：

● 小米辣圈、香菜秆、纯净水、大蒜拍破、蚝油、美极鲜酱油、鲜露、白糖、香醋、鸡精、小米辣颗粒各适量。

制作方法：

1. 蜇头切片冲水，冲到无咸味。乳瓜拍破切段。

2. 乳瓜放入碗底，再放入冲好的蜇头片，加入大蒜、蚝油、美极鲜酱油、鲜露、白糖、香醋、鸡精，再放入小米辣圈、香菜秆即成。

操作要领：

冰镇过的汁水，加上蜇头边捞边抖着吃很爽口。

营养特点

海蜇能软坚散结、行瘀化积、清热化痰，对气管炎、哮喘、胃溃疡、风湿性关节炎等疾病有益，并有防治肿瘤的作用。

葱油鸡腿菇

主料:
鸡腿菇。

调料:
● 姜片、葱节、盐、味精、鲜汤、香油、色拉油各适量。

制作方法:
1. 鸡腿菇洗净，改刀成厚片。
2. 炒锅内烧油至五成热，下姜片、葱节爆香，放入鸡腿菇炒匀，掺入鲜汤，调入盐烧至鸡腿菇入味。待锅内汤汁将干时，调入味精，淋香油，起锅晾凉即可。

操作要领:
葱的用量宜大，以突出葱油的香味。

营养特点
鸡腿菇有益脾胃、清心安神、治痔等功效。

百合拌桃仁

主料:
鲜桃仁、百合、黄瓜、鲜花瓣适量。

调料:
● 蒜茸、盐、味精、香油各适量。

制作方法:
1. 百合洗净，拆成片；黄瓜切成片。
2. 鲜桃仁、百合、黄瓜同放碗内，加入蒜茸、盐、味精、香油拌匀装入盘内。
3. 将鲜花瓣撒在拌好的菜上即可。

操作要领:
注意盐的用量，不可太咸。

营养特点
桃仁有破血行瘀、润燥滑肠的功效，可治经闭、痛经、跌打损伤、肠燥便秘。

蒜泥腰片

主料：
猪腰、小白菜。

调料：
● 蒜泥、葱段、姜片、精盐、红酱油、味精、白糖、香油、辣椒油各适量。

制作方法：
1. 猪腰片成薄片，加精盐、姜片、葱段、料酒腌码约15分钟，再将腰片放入沸水中氽熟捞出，沥干水分装盘；小白菜洗净，用沸水焯透捞出。
2. 将小白菜放入装有猪腰片的盘内摆好，淋上用蒜泥、精盐、红酱油、味精、白糖、香油、辣椒油兑成的味汁即成。

操作要领：
腰片要片得薄而大。调味时要掌握好各种调料的用量。

营养特点

猪腰味咸性凉平，对肾虚腰痛、身面水肿、遗精、盗汗、耳聋、耳鸣等症有辅助治疗作用。

烧辣椒拌肚条

主料：
猪大肚、青椒。

调料：
● 精盐、味精、酱油、醋、香油、姜、葱、料酒各适量。

制作方法：
1. 猪肚用精盐、醋、姜、葱、料酒揉洗干净，氽水除异味，再投入沸水中煮熟，捞出凉冷后切条；青椒直接入火烧熟，切成长方块。
2. 在肚条中加入烧青椒块、精盐、味精、香油、酱油，拌匀即成。

操作要领：
烧青椒既是主要调料，也可当作辅料，可适当多放，突出其味。

营养特点

猪肚味甘性温，可补中益气，补泄后虚损，具有一定的药用价值和滋补保健价值。

猪拱嘴拌荞面

主料：
荞麦面、卤猪拱嘴、鲜红辣椒节。

调料：
● 红油、醋、盐、鸡精、醋、香油、葱花各适量。

制作方法：
1.锅内加入清水、盐烧沸，下入荞麦面煮熟，捞出，冷水投凉；卤猪拱嘴切成片；用红辣椒节、盐、红油、鸡精、醋、香油、酱油调成味汁。
2.猪拱嘴装入盛有荞麦面的盘中，浇入调好的味汁，撒上葱花即可。

操作要领：
荞面煮制后要用凉开水充分漂洗，确保荞面软滑可口。

营养特点
荞麦蛋白质中含有丰富的赖氨酸成分，铁、锰、锌等微量元素比一般谷物丰富，而且含有丰富的膳食纤维。

川式叉烧排

主料：
猪排骨。

调料：
● 叉烧酱、排骨酱、麦芽粉、精盐、姜、葱、花椒、葱油各适量。

制作方法：
1.猪排骨洗净，斩成段，加入精盐、姜、葱、花椒码味；用排骨酱、叉烧酱、麦芽粉调成酱汁。
2.将调制好的酱汁均匀地抹在猪排骨上，放入烤箱烤熟取出，刷上葱油，装盘即可。

操作要领：
排骨烤制时，火力要控制在150℃~200℃之间。

营养特点
猪肉含有较高的蛋白质，烹制后肉汁鲜嫩，更能促进食欲。

冲菜白肉片

主料：

猪肉、芥菜。

调料：

● 复制红酱油、蒜泥、辣椒油、味精、葱花各适量。

制作方法：

1. 猪肉刮洗干净，入锅煮熟，待水温降至40℃时，捞出片成片；芥菜洗净，晾干水分，于热锅中炒断生，入盆加盖静放3小时，即为冲菜。

2. 在白肉片下放好冲菜，入盘摆好，调入蒜泥、葱花、味精、辣椒油、复制红酱油即可。

操作要领：

肉片要薄，冲菜刚断生即可，不宜全熟。

营养特点

芥菜性温味辛，含蛋白质、脂肪、碳水化合物、粗纤维、胡萝卜素等成分。

奇味水晶兔

主料：

带皮仔兔、黄瓜。

调料：

● 小米辣椒、美极鲜酱油、味精、精盐、姜片、葱段各适量。

制作方法：

1. 带皮兔肉洗净，下入加有姜片、葱段的清水锅中焖熟，取出后去骨，摆于托盘中，用器皿压上；黄瓜洗净，切成片。

2. 将压好的兔肉斩成条，摆于垫有黄瓜片的盘中，伴用小米辣椒、美极鲜酱油、味精、精盐调成的鲜椒味碟上桌即可。

操作要领：

煮兔肉时以断生为佳，用器皿压制宜趁热完成。

营养特点

兔肉中所含的脂肪和胆固醇低于其他肉类，而且脂肪又多为不饱和脂肪酸，常吃兔肉，可强身健体。

过桥百叶

主料：
百叶。

调料：
● 精盐、白糖、味精、红油、香油、小葱、熟芝麻各适量。

制作方法：
1. 百叶漂洗干净，放入沸水锅中汆一下，捞起装盘。
2. 用以上调料兑成红油味汁，和百叶一起上桌，蘸食。

操作要领：
百叶汆水时间不能过长，否则会绵软。

营养特点
每 100 克毛肚含水 83.4 克、蛋白质 14.5 克、脂肪 1.6 克，还含钙、磷、铁、维生素 B_1、维生素 B_2 等。

口味脆肚

主料：
兔肚、泡豇豆。

调料：
● 食用碱、姜、葱、料酒、干辣椒、花椒、盐、白糖、糖色、味精、鲜汤、香油、红油、色拉油各适量。

制作方法：
1. 兔肚洗净，入食用碱溶液中浸泡 30 分钟，捞起漂于清水内，透去碱味，取出切成条，加入姜、葱、料酒码味；泡豇豆切节。
2. 炒锅上火，烧油至五成热，投入兔肚炒至断生，打起沥尽油。
3. 锅内留油，下干辣椒、花椒、泡豇豆炒香，投入兔肚，掺入鲜汤，用盐、白糖、糖色调好味，烧至汁水将干，投入味精，淋入香油、红油起锅晾凉装入盘中即可。

操作要领：
兔肚在锅中不宜久烧，所以掺入鲜汤的量不宜太多。

营养特点
兔肚主治虚劳羸弱、泄泻下痢。

厨房小知识
码味就是根据成菜要求在正式烹调前把主料事先放点料酒、蛋清、淀粉、胡椒粉等其他调料进行腌制的过程。

Part 2 麻辣鲜香 百菜百味

招牌川味创新菜之

热菜·畜肉篇

腊香茶菇

主料：
腊肉、茶树菇、洋葱。

调料：
● 香油、醋、生抽、糖、精盐各适量。

制作方法：
1. 腊肉上笼蒸熟，取出切成片；茶树菇入盆，加温热水浸泡透，取出挤干水，切成段；洋葱切成丝；干辣椒切丝。
2. 色拉油入锅烧热，投入腊肉片煸干水气，依次放入干辣椒丝、洋葱丝、茶树菇炒匀，用盐、味精调好味，淋入香油簸匀起锅装入盘内即可。

操作要领：
茶树菇在炒制前可以放入热油锅中略炸，以除去部分水分。

营养特点
茶树菇含有人体所需的 18 种氨基酸。

厨房小知识
挑选茶树菇四要点，一是其粗细大小一致，二是颜色呈茶色为佳，三是闻起来有清香味，四是未开伞，就是菇帽呈圆形，小而厚。

茶树菇炭烧肉

主料：
碳烧肉、茶树菇、青红椒。

调料：
- a料：盐、味精、鸡精、胡椒、鲜汤、香油、水淀粉。
- 色拉油。

制作方法：
1. 碳烧肉切成粗丝；青红椒切长条；茶树菇切长段。
2. a料入碗调匀成味汁。
3. 碳烧肉、茶树菇分别入热油锅过油打起。锅内留油少许，青红椒爆香，下入碳烧肉、茶树菇炒匀，烹入调好的味汁炒匀，起锅装盘即成。

操作要领：
碳烧肉过油时应将肉炸至略干，若肉丝含水量较重，可在下锅炒制时时间稍长一点。

营养特点
碳烧肉为猪颈肉，肥瘦皆有，肉质细嫩，肥胖者宜少吃。

厨房小知识
糖色是烹制菜肴时用冰糖或者白糖经过加工后呈现的一种棕红色色剂。使用糖色后的菜品红润明亮、香甜味美、肥而不腻。像红烧类菜肴和酱卤类菜肴常常用到此法。

芹菜鲜椒炒脆肠

主料：
猪肠、红椒、芹菜。

调料：
● 精盐、红油、碱粉各适量。

制作方法：
1. 将猪肠用碱粉腌渍后入锅焯到断生捞出，漂去碱味切节；红椒、芹菜切节待用。
2. 锅中下红油，加红椒爆香，下入肠节炒入味，加芹菜节，放入精盐，翻炒均匀即可起锅。

操作要领：
腌渍猪肠时应注意碱粉的用量，脆肠下锅后应炒入味。

营养特点
猪肠蛋白质含量很高，碳水化合物含量甚微，另含钙、磷、铁等矿物质。

鲍仔红烧肉

主料：

罐头鲍鱼、五花肉、青红椒、瓢儿白。

调料：

● 醪糟、葱、姜、糖色、草果、香叶、小茴香、山奈、花椒、盐、料酒、鲜汤、水淀粉、色拉油各适量。

制作方法：

1．五花肉放沸水锅中，加入姜、葱、花椒和料酒煮熟，取出切成块；青红椒切菱形块。

2．净锅内掺汤，放入糖色、盐、料酒、姜、葱、草果、山奈、香叶、小茴香、花椒、醪糟汁，下五花肉、罐头鲍鱼煨至熟软。

3．最后放入红椒块，用盐、味精调好味，下水淀粉收浓汤汁，起锅入盘，配上焯水后的瓢儿白即可。

操作要领：

鲍鱼肉嫩，在烧制时可待五花肉烧至熟软后再下锅。

营养特点

痛风患者及尿酸高者不宜吃鲍鱼。

圆笼糯香骨

主料：
猪肋排、糯米、鸡蛋。

调料：
● 精盐、味精、米粉、蒜茸酱、排骨酱、花生酱、葱丝、红椒丝、豆粉各适量。

制作方法：
1. 猪肋排洗净，斩成4厘米长的节，用鸡蛋、精盐、味精、豆粉、蒜茸酱、排骨酱、花生酱、米粉拌匀；糯米淘洗净后泡涨。
2. 将拌好味的排骨逐一裹上糯米，摆入小笼中，再洒上少许清水，用旺火蒸熟后取出，撒上葱丝、红椒丝即成。

操作要领：
泡糯米应掌握好时间，蒸制时用旺火。

营养特点
糯米味甘、性温，主温中，暖脾胃，止虚寒泻痢，缩小便，收自汗等，加上排骨可食部分的营养，此款菜滋养宜人。

滑菇蒸玉排

主料：
猪纤排、滑菇、青豆。

调料：
● 蒸肉米粉、老油、油酥豆瓣、腐乳汁、醪糟汁、姜、葱、花椒粉、味精、糖色、香油各适量。

制作方法：
1. 纤排改成小节，调入油酥豆瓣、腐乳汁、醪糟汁、姜米、花椒粉、味精、糖色、蒸肉米粉和匀入笼蒸制。
2. 滑菇、青豆入水汆好备用。
3. 将蒸好的纤排入盘；锅内入油，加豆瓣炒香出色，加汤，去渣，加入滑菇、青豆，调入味精、香油,勾二流芡淋入纤排上即可。

操作要领：
排骨调味要准，芡汁不宜太浓。

营养特点
排骨味甘性平，能补阴、益骨髓、益虚劳。

脆皮粉蒸肉

主料：
猪三线肉、米粉、春卷皮。

调料：
● 精盐、味精、酱油、豆瓣、豆腐乳、椒麻、白糖、醪糟汁各适量。

制作方法：
1. 猪三线肉洗净切片，加入米粉、精盐、味精、酱油、豆瓣、豆腐乳、椒麻、白糖、醪糟汁拌匀。
2. 将拌好味的粉蒸肉蒸好待用。
3. 分别将蒸熟的粉蒸肉放入春卷皮上卷成条状，下入六七成热的油锅中炸至金黄色，捞起装盘即可。

操作要领：
操作时掌握好油温。

营养特点

猪肉是我国人民蛋白质、脂肪的最大来源之一，此外，还含磷、铁、维生素等成分。

瓜船粉蒸肉

主料：
五花肉、南瓜、米粉。

调料：
● 豆瓣、盐、花椒、五香粉、酱油、姜末、葱、醪糟汁、甜面酱、生菜油、葱花各适量。

制作方法：
1. 南瓜对剖两瓣，一半挖去瓤制成南瓜船，另一半去皮切块加入适量米粉拌匀，装入南瓜船内。
2. 五花肉切成厚片，入碗加豆瓣、盐、花椒、五香粉、酱油、姜末、葱、醪糟汁、甜面酱、生菜油和米粉拌匀，也摆在南瓜船上。
3. 将南瓜船上笼蒸熟。取出装入盘中，撒上葱花即可。

操作要领：
五花肉切片不宜太薄，以免影响口感。

脆皮碳烧肉

主料：
猪颈肉。

调料：
- a料：盐、白糖、蒜茸、美极鲜酱油、花生酱、芝麻酱；
- b料：饴糖、大红浙醋；
- 色拉油。

制作方法：
1. 猪颈肉入盆，加入a料拌匀，腌渍入味。
2. b料调匀，均匀地抹在猪颈肉表面。
3. 炒锅上火，烧油至五成热，放入猪项肉炸至表皮棕红、皮酥肉熟，捞起切成片摆于盘内即可。

操作要领：
腌渍猪颈肉时，可以根据自己的口味，加入其他调味料，如辣椒、花椒等。

营养特点
猪肉与牛奶不能同食。因牛奶里含有钙，猪瘦肉含磷，这两种营养素在人体内不能同时吸收。

白菜淋香肠

主料：
大白菜、香肠、鸡胸肉、香芹。

调料：
- 生姜、花生油、盐、味精、白糖、熟鸡油各适量。

制作方法：
1. 大白菜去老叶切长片，香肠切片，鸡胸肉切片，香芹切成段洗净，生姜去皮切片。
2. 烧锅加水，待水开时，加盐少许，下大白菜，用中火煮熟，捞起摆入深碟内。
3. 另烧锅下油，放入姜片，注入鸡汤，用中火烧开，投入鸡片、香肠片、香芹，调入盐、味精、白糖煮透，淋入熟鸡油，浇到大白菜上即成。

操作要领：
煮大白菜的火不能太小，否则煮出的菜不爽。

营养特点
白菜钙含量比苹果高5倍，能促进肠壁蠕动。

彩虹大排

主料：
猪排、小土豆、红椒、面包粉、蒜茸。

调料：
● a料：盐、姜、葱、胡椒粉、白糖、料酒、五香粉；
● b料：盐、味精、鸡精、辣椒面、香油；
● 色拉油。

制作方法：
1. 猪排内加入a料拌匀，腌渍约60分钟。红椒切成丁备用。
2. 土豆蒸熟后摆于盘内；锅内注油烧至五成热，下入猪排浸炸至干香摆放在土豆上。面包粉与蒜茸分别入热油锅炸酥捞起沥尽油，锅底留油，面包粉、炸蒜茸、红椒及b料入锅炒匀，再盖在猪排上即可。

操作要领：
猪排码味时间要足，以免底味欠缺。

营养特点

猪排丰富的钙质，可维护骨骼健康。

荷香珍珠骨

主料：
猪纤排、优质大糯米、鲜荷叶。

调料：
● 姜、葱花、精盐、味精、胡椒粉、花椒、料酒各适量。

制作方法：
1. 排骨砍成6厘米长的块，用清水漂去血水，捞起用精盐码味2小时。
2. 糯米用热水泡10分钟后沥干水分，加入姜、味精、胡椒粉、花椒、料酒拌匀，裹在排骨上，用圆蒸笼1个、荷叶1张，将排骨放于荷叶上，上笼蒸40分钟后出笼，撒上葱花即成。

操作要领：
排骨块一定要漂去血水。蒸制时要用大火。

厨房知识

码味可以保持原料的水分和鲜味，使成菜内部更加鲜嫩，对有些原料来说，码味还能起到去腥解膻的作用。

叫花肥肠

主料：

卤肥肠、胡萝卜。

调料：

● 干辣椒、花椒、豆瓣酱、姜米、蒜米、盐、酱油、胡椒、料酒、白糖、味精、鲜汤、水淀粉、色拉油各适量。

制作方法：

1.卤肥肠切成长段；胡萝卜切成条。

2.炒锅上火，烧油至四成热，下入豆瓣酱、姜米、蒜米爆香，掺入鲜汤，打去料渣不用，放入卤肥肠、胡萝卜条，调入盐、酱油、胡椒、料酒、白糖烧至熟软；最后调入味精，用水淀粉勾薄芡，起锅装入盘中。

3.干辣椒、花椒入锅加适量色拉油炒香，起锅淋于肥肠上即可。

操作要领：

注意避免将干辣椒、花椒炒焦。

因肥肠性寒，凡脾虚便溏者宜忌。

富贵猪手

主料：

猪蹄、西兰花、青红椒。

调料：

● a料：盐、胡椒、料酒、姜葱汁各适量；
● 其他：豆瓣酱、盐、胡椒、白糖、料酒、姜片、葱段、味精、鸡精、鲜汤、水淀粉、色拉油各适量。

制作方法：

1.猪蹄剁成块，加入 a 料腌渍去腥味；西兰花切成小朵；青红椒切成粒。

2.锅上火油烧热，下入猪蹄炸至色黄打起。

3.豆瓣酱、青红椒入热油锅炒香，掺入鲜汤，用盐、胡椒、白糖、料酒调好味，放入猪蹄略烧。取出猪蹄摆放入蒸碗内，灌上锅内原汤，摆上姜片、葱段，上笼蒸熟软取出翻扣于盘内，围上焯水后的西兰花。蒸猪蹄原汁入锅，调入味精、鸡精，用水淀粉收浓芡汁，起锅淋于猪蹄上即可。

脆椒酥肉

主料：

五花肉、青尖椒、香辣酥。

调料：

- a 料：盐、姜葱汁、胡椒粉、料酒；
- b 料：姜片、蒜片、葱节；
- c 料：盐、味精、鸡精、香油；全蛋淀粉、色拉油。

制作方法：

1.五花肉切成厚片放入盆内，加入 a 料拌匀，腌渍约 60 分钟。

2.炒锅上火，烧油至六成热，将五花肉片裹匀全蛋淀粉下入锅中炸至色泽金黄，打起切成条备用。

3.锅内留油少许，投入 b 料、青尖椒炒香，放入炸五花肉条、香辣酥炒匀，再放入 c 料调好味起锅装入盘中即成。

操作要领：

由于炸五花肉和香辣酥均是熟料，所以炒制的时间可以不用太长。

美味手抓排

主料：

猪排骨、青红尖椒圈。

调料：

- 姜米、蒜米、精盐、味精、豆豉、白芝麻、卤水、料酒、香油、精炼油各适量。

制作方法：

1.排骨洗净斩成 6 厘米长的段，放入沸水中汆去血污，捞出沥水，再放入卤水中卤至排骨熟软捞出，装盘。

2.锅中放入精炼油烧热，下入青红尖椒圈炒香，加入豆豉炒至油呈红色，再下入姜米、蒜米、料酒、味精、香油推匀，起锅淋于排骨上，撒上芝麻即可。

操作要领：

猪排骨要卤熟入味，炒豆豉等要用小火炒香出味。

营养特点

本菜有滋阴壮阳、益精补血的功效。

鲍汁韭香狮子头

主料：

五花肉、马蹄、冬菇、韭菜、青菜心。

调料：

● 鲍鱼汁、生姜片、花生油、盐、味精、白糖、生粉、鸡汤、老抽王、麻油各适量。

制作方法：

1.五花肉剁成肉泥，马蹄、冬菇、韭菜切米，加入盐、味精、生粉打至肉起胶，做成大丸子。青菜心用开水烫熟捞起摆入碟内，生姜切片。

2.烧锅下油，油温四成时，下入大肉丸子，保持油温，炸至肉丸漂浮在油面，转大火升油温至六七成，迅速将肉丸炸至外表金黄，捞起待用。

3.锅内留油，下入姜片、加入鲍鱼汁、放入大肉丸子，放盐、味精、白糖、老抽王，用小火烧至汁浓，再用湿生粉勾芡收汁装碟即成。

操作要领：

狮子头制作过程中一定要充分搅拌，确保肉丸上筋成型。

营养特点

韭菜含有丰富的纤维素，每 100 克韭菜含 1.5 克纤维素，比大葱和芹菜都高，可以促进肠道蠕动、预防大肠癌的发生，同时又还能减少对胆固醇的吸收。

厨房小知识

油的沸点为 300℃，烹饪中把油温分成十成，就是每 30℃ 为一成热，所以四成热就是 120℃，六成热就是 180℃ 的意思。

菌王狮子头

主料：
猪碎肉、慈菇、杂菌、瓢儿白。

调料：
- a料：盐、胡椒、料酒、姜葱水、水淀粉各适量；
- 其他：姜片、葱段、蚝油、盐、白糖、老抽、味精、鲜汤、水淀粉、色拉油各适量。

制作方法：

1. 慈菇去皮，切成小丁，同猪碎肉入盆，加a料拌匀；杂菌切成片，同瓢儿白入沸水锅焯一水，打起。
2. 炒锅上火，烧油至四五成成热，将拌好的碎肉制成一个大丸子，入锅炸定形捞起。
3. 炒锅内留油适量，放入姜片、葱段爆香，掺入鲜汤，捞去姜、葱不用，调入蚝油、盐、白糖，放入肉丸烧至熟软，倒入杂菌、瓢儿白烧入味，用老抽上色，味精调味，水淀粉收浓芡汁，起锅装入盘内即成。

操作要领：
肉丸下锅后，也可连汤汁倒入碗内，上笼蒸透。

营养特点
菌类是集多营养、低热量于一身的理想食物。

厨房小知识
营养素可分为糖类、脂肪类、蛋白质、维生素、矿物质和水六类。要均衡吸收，才能保证身体的健康。所以，现在提倡"杂食"，尽量不偏食。

鲍汁狮子头

主料：
猪肉末、粉丝。

调料：
● 鸡蛋清、豆粉、精盐、味精、鸡粉、鲍汁、精炼油各适量。

制作方法：
1.猪肉末调入鸡蛋清、精盐、味精、鸡粉、鲍汁、豆粉拌匀，做成丸子。
2.锅中下入精炼油烧四成热，下入肉丸子，待肉丸成熟时，转大火，升油温到六成，下粉丝快速炸成熟，捞出沥油后装盘即可。

操作要领：
调和肉馅时，豆粉用量要适当，不能过多或过少。

营养特点

补中益气，健力强身。

奇味蒜香骨

主料：
猪排骨。

调料：
● 精盐、蒜香粉、豆粉、鸡蛋、精炼油各适量。

制作方法：
1.猪排骨洗净，斩成块，加入精盐码味；用蒜香粉、豆粉、鸡蛋液调成糊。
2.猪排骨挂上蒜香蛋糊，放入六七成热的精炼油中炸至金黄色，捞出沥去油分，装盘即成。

操作要领：
猪排骨要码入底味，挂蒜香蛋糊要均匀。

营养特点

排骨可滋阴润燥，益精补血，熟蒜则降压降脂，预防中风和降低血糖。

吉列炸香肉

主料：
猪后腿肉。

调料：
● 鸡蛋、面包糠、生姜、花生油、盐、味精、胡椒粉、干生粉、绍酒各适量。

制作方法：
1. 鸡蛋打散入碗内，生姜去皮切丝（用绍酒泡上），猪后腿肉切片，加胡椒粉、姜汁酒腌好。
2. 鸡蛋打入碗内后，调入盐、味精、干生粉制成鸡蛋糊，下入猪肉片，逐片粘上面包糠待用。
3. 烧锅下油，待油温三成热时下入粘好面包糠的猪肉，炸至内熟外香脆，捞起入碟即成。

操作要领：
猪肉用姜汁酒腌过后，会产生一种香味，炸出的菜式会更佳。

营养特点

猪肉营养丰富，含钾、钠、钙等营养物质，热量高。此菜含钙603.7毫克，是缺钙儿童的滋补佳品。

厨房小知识

使用挂糊的原料，可以保持原料的水分和鲜味，营养也得以保留得更多，使菜肴达到松、嫩、香、脆的效果。

菠汁红烧肉

主料：

五花猪肉、鲜菠萝、黄瓜片、樱桃。

调料：

● 醪糟汁、料酒、香料（八角、山奈、草果、香叶）、糖色、精盐、味精、姜、葱、精炼油各适量。

制作方法：

1. 五花猪肉刮洗干净，除尽残毛，切成樱桃大小的丁；菠萝修去皮刺，一部分切成圆形片，另一部分榨成菠萝汁待用。

2. 锅置火上，掺油烧至五六成热，放入肉丁爆至吐油变色，滗去余油，烹入料酒、糖色、醪糟汁、香料、姜、葱，改小火焖。待肉丁熟，汤色红亮时，倒入菠萝汁翻匀，用精盐、味精吃好味，盛入碗中，拣去香料、姜、葱，翻扣于盘内，再用菠萝片、黄瓜片、樱桃围边装饰即成。

操作要领：

肉丁大小宜均匀，焖时火候一定要掌握好。

三峡石爆牛柳

主料：

牛柳、三峡石。

调料：

● a料：盐、姜、葱、胡椒粉、白糖、料酒、五香粉、豆粉；

● b料：盐、味精、鸡精、辣椒面、秘制泡椒油；

● 其他：泡子弹头辣椒、泡子姜、葱节、蒜片、精炼油各适量。

制作方法：

1. 牛柳切片，加a料码味、上浆；三峡石烧热待用。

2. 锅内烧油至四成熟，下牛柳滑散起锅。锅内留油少许，下泡椒、姜、蒜炒香出色，加牛柳，和b料调好味，下葱节炒匀，起锅装盘。

3. 上桌时将炒好的牛柳倒入装有三峡石的平底锅中，和匀即可。

吐司牛排

主料：
牛排骨、面包糠。

调料：
● 鸡蛋、精盐、胡椒粉、味精、豆粉各适量。

制作方法：
1. 先将排骨切成长节，吃味，上笼蒸熟待用。
2. 用鸡蛋、精盐、胡椒粉、味精、豆粉调成全蛋糊，将排骨裹蛋糊粘面包糠，下油锅炸至呈金黄色时即可、配咸、甜两碟上桌。

操作要领：
全蛋糊的调制要适度，排骨最好是先煸炒再吃味入笼蒸。

厨房小知识

将鸡蛋打入碗中并搅拌开，加豆粉、精盐、胡椒粉、味精等拌匀，如果太稠，加适量清水再拌匀即成。全蛋糊能使菜肴外酥脆内松软，色泽金黄。

辣子脆皮牛柳

主料：
牛柳。

调料：
● 干辣椒、整花椒、姜、蒜、花椒油、精盐、味精、白糖、葱、鸡蛋、豆粉、精炼油各适量。

制作方法：
1. 牛柳改刀呈小"一"字条，码味，入用鸡蛋、豆粉调成的全蛋豆粉内浆好。
2. 锅内烧油至四五成热，逐一下牛柳炸至呈金黄色时捞起待用。锅中留油少许，下辣椒、花椒等炒出香味，加进炸好的牛柳一同翻炒，加入葱节即可。

操作要领：
炸制时要注意火候，要外酥内嫩。

营养特点

民间有"牛肉补气，与黄芪同功"之说，可见牛肉的功效十分明显。

干豇豆鞭花

主料：
牛鞭、干豇豆、青红椒。

调料：
● 豆瓣酱、姜米、蒜米、葱节、白糖、精盐、味精、胡椒、料酒、水淀粉、鲜汤、色拉油各适量。

制作方法：

1. 牛鞭洗净，入加有姜、葱、料酒的沸水锅焯水打起，切成菊花形，入盆加鲜汤、胡椒、料酒、姜、葱上笼蒸熟；干豇豆用温水浸泡发胀，切成段；青红椒切节。

2. 锅置中火上，下油适量，烧至四成热，放入豆瓣炒至油红出香味，下葱节、姜米、蒜米炒匀，掺入鲜汤，用漏瓢打去料渣不用，下入牛鞭、干豇豆、青红尖椒，调入盐、胡椒、料酒、白糖略烧，勾适量水淀粉，使汤汁浓稠，放味精起锅装于盘中即成。

操作要领：
牛鞭腥膻味较重，所以要多用姜、葱、料酒去腥。

营养特点
牛鞭具有壮阳补精之功效。

厨房小知识
新鲜牛鞭的洗法是先将牛鞭用温水冲洗，然后剪开外皮用开水烫一下，捞出后将外皮撕去，洗净后再加姜、葱、料酒等做进一步地去腥膻处理。

黑椒青芥炒牛仔骨

主料：

牛仔骨、青红椒。

调料：

● a料：盐、姜葱汁、料酒、黑胡椒、水淀粉；

● b料：黑胡椒碎、葱段、洋葱碎、蒜茸；

● c料：芥末、烧汁、蚝油、盐、白糖、老抽、味精、鸡精；鲜汤、水淀粉、色拉油。

制作方法：

1. 牛仔骨解冻后沥尽水，入盆加入a料拌匀，腌渍约40分钟。青红椒切菱形块。

2. 炒锅内烧油至五成热，倒入牛仔骨滑熟后捞起沥尽油。

3. 锅内留油少许，倒入b料炒香，掺入鲜汤，下c料调好味，倒入牛仔骨和青红椒，用水淀粉勾薄芡，起锅装入盘中即可。

操作要领：

牛仔骨也可码味腌渍后，入平底锅煎熟再炒。

营养特点

牛仔骨含有丰富钙质，对孕妇及胎儿都有裨益。

厨房小知识

牛仔骨不易烹制时间过长，以免肉质变干变柴。

煲仔牛仔骨

主料：
牛仔骨、青红椒。

调料：
● a料：盐、姜葱汁、料酒、黑胡椒、水淀粉；
● b料：黑胡椒碎、洋葱碎、葱段、蒜茸；
● c料：烧汁、蚝油、盐、白糖、老抽、味精、鸡精；
● 其他：鲜汤、水淀粉、色拉油各适量。

制作方法：
1. 牛仔骨解冻后沥尽水，入盆加入 a 料拌匀，腌渍约 40 分钟；青红椒切菱形块。
2. 炒锅内烧油至五成热，倒入牛仔骨滑熟后捞起沥尽油。
3. 锅内留油少许，倒入 b 料炒香，掺入鲜汤，下 c 料调好味，倒入牛仔骨和青红椒，用水淀粉勾薄芡，起锅装入煲仔中即可。

操作要领：
牛仔骨过油，滑熟即可，避免久炸而质老。

营养特点
有补中益气、滋养脾胃、强健筋骨的功效，但感染性疾病、肝病、肾病的人慎食牛肉。

厨房小知识
牛肉受风吹后，容易变黑，进而变质，所以一定要注意保管，保证其新鲜。

彩椒牛肉粒

主料：
牛肉、辣椒。

调料：
● 辣酱、盐、生抽、糖、醋、葱、姜各适量。

制作方法：
1. 牛肉洗净去筋膜切小粒，彩椒分别切小粒，葱姜均切末。
2. 将切好的牛肉粒放入沸水中焯一下取出，控干水分备用。
3. 炒锅倒入适量油，下入葱姜末、辣酱炒香，加入牛肉粒、糖、醋、盐，炒匀，再放入彩椒粒，翻炒均匀即可出锅。

操作要领：
洗牛肉时，一定记住撕去其筋膜，方可去其腥味，提升口感。

营养特点
蛋白质需求量越大，饮食中应该增加的维生素 B_6 就越多。牛肉含有足够的维生素 B_6，可帮助人体增强免疫力，促进蛋白质的新陈代谢和合成。

厨房小知识
炒牛肉时，如果加点啤酒，炒出来的牛肉不仅嫩鲜，而且别有清香。

红烧牛肉

主料：

牛肉。

调料：

● 冰糖、干辣椒、花椒、八角、葱段、姜片、蒜末、食粉、盐、鸡粉、生抽、水淀粉、陈醋、料酒、豆瓣酱、食用油。

制作方法：

1. 洗好的牛肉切片，装碗加食粉、盐、鸡粉、生抽、水淀粉、食用油，腌渍入味。
2. 锅中注水烧开，倒入牛肉片，煮至变色，捞出沥水；牛肉片入油锅滑油捞出。
3. 锅底留油，爆香姜片、蒜末、干辣椒、花椒、八角、桂皮、冰糖，倒入牛肉，调入料酒、生抽、豆瓣酱、陈醋、盐、鸡粉，注水，焖至熟，用水淀粉勾芡，盛出撒上葱花即可。

椒汁牛柳

主料：

牛柳、土豆粉条、青红尖椒。

调料：

● a料：盐、胡椒、料酒、鸡蛋液、姜葱汁、干细淀粉各适量；
● 其他：青花椒、葱叶、花椒、盐、胡椒、味精、鸡精、鲜汤、水淀粉、色拉油各适量。

制作方法：

1. 牛柳切成片，加a料拌匀码味15分钟；青红尖椒切成圈；葱叶、花椒剁成茸。
2. 土豆粉条入沸水锅煮熟，打起装入玻璃凹内。炒锅上火，烧油至四成热，放入牛柳滑散打起沥尽油。
3. 锅内留油适量，下葱叶和花椒剁成的茸炒香，掺鲜汤，下牛柳，调入盐、胡椒、味精、鸡精烧沸，用水淀粉勾薄芡，起锅装入玻璃凹内。
4. 青花椒、青红尖椒圈入锅，加适量色拉油炒香，起锅淋于牛肉上即可。

滑菇烩牛柳

主料：

牛柳、滑菇、青红椒。

调料：

● a料：清水、盐、胡椒、料酒、姜葱汁、蛋清、干细淀粉各适量；

● 其他：姜片、葱节、盐、胡椒、料酒、味精、鲜汤、水淀粉、色拉油各适量。

制作方法：

1. 牛柳切成片入碗加 a 料拌匀码味 15 分钟。青红椒切成条。

2. 炒锅内烧油至五成热，下姜片、葱节爆香，掺入鲜汤，调入盐、胡椒、料酒，下牛柳、滑菇、青红椒同烧至入味，放入味精，用水淀粉收浓芡汁，淋明油，起锅装入盘内即可。

操作要领：

青红椒可以在最后要起锅前再加入。

火把肥牛

主料：

肥牛。

调料：

● 姜、葱、盐、胡椒、料酒、辣椒面、孜然粉、味精、香油、色拉油各适量。

制作方法：

1. 肥牛肉切成片，加姜、葱、盐、胡椒、料酒拌匀码味 10 分钟，然后用铁签穿成串。

2. 将串好的肥牛串放在炭火上烤制，边烤边用小刷刷上盐、辣椒面、孜然粉、味精、香油，待其成熟后，装入盘中即可。

操作要领：

如果没有炭火，可以将串好的肥牛串放入油锅中炸熟，再将辣椒面、孜然粉、盐、味精、香油、色拉油入锅炒匀，淋于肥牛串上。

营养特点

牛肉含有丰富的蛋白质、铁、锌、钙、维生素 B 群。

杭椒牛柳

主料：
牛里脊肉、青尖椒。

调料：
● 葱、姜、盐、黄酒、生抽、老抽、醋、生粉、胡椒粉、精炼油各适量。

制作方法：
1. 牛里脊肉洗净，切成条；青尖椒切成段；葱、姜切成丝。
2. 将切好的牛肉丝里加入葱姜丝、盐、生抽、老抽、少许醋、生粉、胡椒粉拌匀腌制 15~20 分钟左右。
3. 锅倒入油烧七成热，倒入牛肉丝炒至断生时，加入青椒稍煸炒，起锅装盘即可。

操作要领：
牛柳要用大火迅速翻炒，断生时，可先将牛肉捞起，待青椒煸炒成熟时，再下牛肉和炒几下，迅速起锅，确保牛柳嫩滑可口。

营养特点
牛肉有补中益气、滋养脾胃、强健筋骨、化痰息风、止渴止涎之功效，适宜于中气下隐、气短体虚、筋骨酸软、贫血久病及面黄目眩之人食用。

厨房小知识
切牛柳时，切好后，用刀背拍拍牛肉，或者将牛肉在案板上拍打几下，都是让牛肉保持鲜嫩的好方法。

火龙果黑椒牛柳粒

主料:

牛柳、火龙果、青红椒。

调料:

● a料: 姜葱汁、料酒、盐、胡椒、鸡蛋清、干细淀粉各适量;

● b料: 盐、白糖、味精、鸡精、胡椒、老抽、鲜汤、香油、水淀粉各适量;

● 其他: 黑胡椒、蚝油、蒜茸、色拉油各适量。

制作方法:

1. 牛柳切丁,入碗加 a 料拌匀,腌渍 15 分钟;火龙果对剖两瓣,挖出果肉切成丁,果皮壳留用;青红椒切菱形块。

2. b 料入碗调匀成味汁。

3. 牛肉丁、青红椒块分别入热油锅过油打起,锅内留油少许,下黑胡椒、蚝油、蒜茸爆香,下牛肉丁、青红椒、料酒炒匀,烹入 b 料,放入火龙果簸匀,起锅装入火龙果壳内即成。

操作要领:

也可先将所有调味料调匀制成黑椒汁,再炒牛柳粒。

营养特点

牛柳能提高机体抗病能力。

厨房小知识

上浆时,加点菜籽油拌匀,放 1~2 个小时,这样在炒时,因为油的膨胀破坏了牛肉的粗纤维,肉就会保持鲜嫩。

功夫牛肉酿青椒

主料：

牛肉馅、圆青椒、青红椒。

调料：

● 鲜汤、精炼油、蒜末、葱花、蚝油、鸡精、白糖、胡椒粉、豉汁各适量。

制作方法：

1. 圆青椒洗净去子，切成 1.5 厘米厚的圆圈，酿入牛肉馅，即成牛肉青椒环。

2. 平锅放入精炼油烧热，放入牛肉青椒环煎熟，铲出。

3. 炒锅放入少许精炼油烧热，下入青红辣粒、葱花、蒜末、豉汁炒香，掺入鲜汤，再放入牛肉青椒环、蚝油、鸡精、白糖、胡椒粉烧 2 分钟，起锅装盘即成。

操作要领：

煎牛肉青椒环时用油不宜太多。

果汁牛肉

主料：

牛肉。

调料：

● 姜片、葱段、白糖、花椒粉、丁香粉、八角粉、小茴香粉、胡椒粉、精盐、酱油、广柑汁、料酒、熟芝麻、精炼油各适量。

制作方法：

1. 牛肉洗净，切成大片，加入姜片、葱段、精盐、料酒腌码 50 分钟，放入蒸锅蒸熟取出，用刀切成粗丝；用广柑汁、白糖、花椒粉、胡椒粉、丁香粉、八角粉、小茴香粉、精炼油、酱油兑成果汁味汁。

2. 锅中加入精炼油烧热，下牛肉丝炸呈棕红色时捞起，沥干油分后装盘，淋入调好的果汁味汁拌匀，撒上熟芝麻即成。

操作要领：

牛肉蒸制时要用大火，广柑汁的用量要适量。

白云牦牛肉

主料：
牦牛肉、白萝卜。

调料：
● 姜片、葱段、香菜、盐、胡椒、料酒、味精、鸡精、鲜汤、水淀粉、色拉油。

制作方法：
1. 牦牛肉切成块，入沸水锅焯尽血水；白萝卜去皮，切成圆片。
2. 炒锅烧油至五成热，投入姜片、葱段爆香，掺入鲜汤，放入牦牛肉、胡椒、料酒烧至七成热，然后加入白萝卜继续烧制，最后用盐、味精、鸡精调好味，起锅装盘撒上香菜即可。

操作要领：
牦牛肉的腥膻味较重，所以在烹制时可以多加姜、葱、料酒以避腥味。

牦牛肉脂肪含量低，热量高，对增强人体抗病力、细胞活力和器官功能均有显著作用。

小炒黄牛肉

主料：
牛里脊肉、美人椒。

调料：
● 香菜、香辣酱、孜然粉、十三香、美极鲜、蚝油、香油、姜片、葱段、盐、胡椒、料酒、味精、鸡精、鲜汤、水淀粉、色拉油各适量。

制作方法：
1. 牛肉切片，用盐、料酒、少许色拉油码味，再用豆粉上浆，放置2小时。
2. 锅中加油烧热，下入牛肉炸去水分。
3. 锅中留少许油烧热，放入美人椒圈、香辣酱炒香，倒入牛肉，调入孜然粉、十三香、美极鲜、蚝油、味精、鸡精、香油炒匀，起锅装盘，撒上香菜即可。

操作要领：
在炒美人椒圈、香辣酱时，要用小火力，这样才能出香出味。

烧牛头方

主料：

净牛头皮、西兰花、鸡肉、火腿、冬笋。

调料：

● 高汤、姜、葱、精盐、味精、料酒、糖色、胡椒、香油、精炼油、水豆粉各适量。

制作方法：

1. 净牛头皮洗净，修去边角、残毛，切成骨牌块；鸡肉、火腿、冬笋切成骨牌块；姜、葱拍破；西蓝花洗净待用。

2. 热锅油烧热，放入姜、葱爆香，下鸡肉、火腿、冬笋块炒匀，掺入高汤，放盐、糖色、胡椒、料酒烧沸，拣去姜、葱，打去浮沫，下切好的牛头块稍煮，定碗（把所用的原料有规则地排入蒸碗里，使成菜具有某种图案式的饱满生坯），灌入原汁上笼蒸熟后扣入盘子。

3. 西兰花炒熟后，围于盘周。蒸汁入锅中烧沸，下味精炒匀后用水豆粉勾芡，淋入香油，浇于牛头块上即成。

火爆毛肚

主料：

毛肚、青椒。

调料：

● 干辣椒、姜、蒜、花椒、精盐、味精、酱油、香油、白糖、水淀粉、鲜汤、精炼油各适量。

制作方法：

1. 毛肚改成 5 厘米的方块，氽水至硬挺断生时捞出备用；青椒切滚刀块，炒至断生铲起备用；干辣椒切 1.5 厘米的节；姜、蒜切片。

2. 精盐、味精、酱油、香油、白糖、水淀粉、鲜汤调成味汁待用。

3. 精炼油烧至六成热时下干辣椒、花椒炒香，然后下毛肚、姜片、蒜片、青椒炒出香味，烹入味汁，待汁收油亮时起锅即成。

羊杂毛血旺

主料：
羊杂、鳝鱼、火腿肠、血旺、香参。

调料：
● 豆瓣、姜葱、糍粑辣椒、精盐、八角、味精、料酒、干辣椒节、花椒、香油、胡椒粉、鲜汤各适量。

制作方法：
1. 羊杂洗净，余熟；鳝鱼洗去血水，切段；火腿肠、血旺均改刀。
2. 油锅中下豆瓣、姜蒜、糍粑辣椒炒香，续下八角、干辣椒节、花椒、料酒、鲜汤等熬香出味，打去渣料，倒入装有羊杂、鳝鱼、火腿肠、血旺、香参的钵中，上明炉熬入味，上桌即成。

操作要领：
羊杂要反复漂洗干净；主料上明炉宜用小火熬。

薄饼孜然羊肉

主料：
鲜羊腿肉、洋葱、红椒、青椒、自制薄饼。

调料：
● 精盐、料酒、辣椒粉、孜然粉、水淀粉、精炼油各适量。

制作方法：
1. 羊肉去筋，切成小颗粒状，码上淀粉；洋葱、青椒、红椒切成粒。
2. 先以油炙锅，下羊肉炒散，至水气干时加入洋葱、青椒、红椒及调料翻炒即成。装盘时薄饼摆在一边。

操作要领：
羊肉码淀粉不宜过多，孜然要纯正，辣椒粉、孜然粉不能炒煳。

营养特点

羊肉性温味甘，能益气血、补虚损、温元阳、御风寒，适宜虚冷、气管炎、喘咳者食用。

粉蒸羊肉串

主料：
羊腿肉、青豆。

调料：
● 生菜油、蒸肉粉、豆瓣、啤酒、甜面酱、白糖、精盐、味精、花椒粉、香菜、姜各适量。

制作方法：
1. 羊腿肉去骨去筋络，切成片，加入味精、盐、啤酒、豆瓣、青豆、姜、甜面酱、白糖、蒸肉粉拌匀。
2. 再和入生菜油，用竹签将羊肉穿成串，上笼蒸熟取出，撒入香菜、花椒粉即可。

操作要领：
羊肉片大小、厚薄要一致；蒸制时间不能过长，约20分钟为宜。

营养特点
此菜含蛋白质、脂肪、维生素、烟酸、硫胺素、核黄素、胆固醇、铁、钙等成分，可补精血、益虚劳等。

牙签粉蒸羊肉

主料：
羊腿肉。

调料：
● 酱油、姜末、郫县豆瓣、醪糟汁、米粉、味精、辣椒粉、香菜、葱花、蒜泥、精炼油各适量。

制作方法：
1. 将羊腿肉去掉筋膜洗净，切成3厘米见方的块盛入盆内，放入剁细的郫县豆瓣、酱油、精炼油、味精、醪糟汁、姜末拌匀，再下米粉拌匀。
2. 每块羊肉用竹签穿好，摆于圆笼内，用旺火蒸熟，取出，撒上辣椒粉、葱花、蒜泥，淋上烧沸的精炼油，放上香菜即成。

操作要领：
应选择肉嫩、筋膜少的羊肉；蒸的时间不能过长，约蒸20分钟至肉熟软为佳；拌米粉时宜滋润，不然蒸出来不疏松。

金牌羊腿

主料：
羊腿、薯条、青红椒、油酥花仁。

调料：
● a料：盐、蜂蜜、蒜茸、姜、葱、胡椒、花椒、黑胡椒、辣椒面、料酒、孜然粉、香叶、十三香；
● 其他：辣椒面、孜然粉、盐、味精、香油、色拉油。

制作方法：
1.羊腿入盆，加入a料拌匀，腌渍12小时至入味；青红椒切成块。
2.码好味的羊腿入220℃的烤箱烤熟，取出摆入盘中。
3.薯条入热油锅中炸至色泽金黄，打起配在羊腿边。青红椒、油酥花仁入少量热油的锅中，加辣椒面、孜然粉、盐、味精、香油炒匀，起锅盖在羊腿上即成。

操作要领：
羊腿在烤制过程中可以刷上适量香油、色拉油。

石爆羊排

主料：
羊排、洋葱、胡萝卜。

调料：
● 豆瓣、泡辣椒、姜、蒜、香菜、精盐、味精、白糖、料酒、鲜汤、精炼油、山峡石各适量。

制作方法：
1.羊排洗去血水，余熟，切成块；胡萝卜切滚刀；洋葱切瓣。
2.锅内放油烧热，下豆瓣、泡椒、姜、蒜等炒香，掺入鲜汤，加料酒、羊排烧至七成熟，再放入胡萝卜，烧至羊排熟软离骨时，放入精盐、味精、白糖调味，起锅装入钵内，撒上香菜。
3.锅下油，加入三峡石烧烫，捞入平锅中，撒上洋葱，上桌时，倒入羊排中即成。

竹荪羊肉卷

主料:
羊肉、竹荪。

调料:
● 火腿、金针菇、冬笋、精盐、全蛋豆粉、味精、鲜汤、鸡油、精炼油各适量。

制作方法:
1. 羊肉切成二粗丝,码味吃粉,入油锅中滑熟;竹荪水发,改段对剖;火腿、冬笋均切丝;金针菇去根,焯水。
2. 竹荪中放入金针菇、羊肉、火腿、冬笋,裹成卷定碗,加鲜汤,吃好味,上笼蒸熟,翻扣于盘中。
3. 原汁入锅,勾芡,加入鸡油,浇于菜品上即成。

操作要领:
羊肉滑油时间不宜太长,蒸制时间要掌握好,用旺火一气呵成,中途不可闪火。

厨房小知识
竹荪是菌中皇后,滋味鲜美。干品剪去菌盖头,用淡盐水水发 10 分钟即可烹制。

银鱼羊肉丝

主料:
羊里脊肉、银鱼干、水发黄花菜、新鲜山药。

调料:
● 葱、白糖、姜、精盐、白胡椒粉、味精、料酒、酱油、香油、熟猪油、湿淀粉各适量。

制作方法:
1.将羊里脊肉切成丝；银鱼用温水泡发后洗净，沥干水分；水发黄花菜切成长3厘米的段；山药切成丝，用少许盐拌一下，再用水洗掉黏丝；葱、姜切丝。
2.将锅放在旺火上，放入熟猪油，烧至六成热时将银鱼放入锅内，快速翻炒后捞入漏勺沥油。将羊肉丝用湿淀粉拌均匀，放入原油锅中爆炒，肉丝变色后立即倒入漏勺沥去油。
3.原油锅中留少量油，先放入葱、姜丝、黄花菜、山药丝，再放入银鱼、羊肉丝煸炒，并依次加入料酒、酱油、白糖、精盐、味精，淋上香油，颠翻几下，出锅装盘，撒上白胡椒粉即可。

金针羊肉丝

主料:
羊肉、金针菇、红尖椒。

调料:
● 豆瓣、泡野山椒、泡姜、蒜、大葱、蛋清、香菜、精盐、味精、淀粉、鲜汤、精炼油各适量。

制作方法:
1.羊肉改刀成粗丝，金针菇去根部，洗净；泡野山椒、泡姜、红尖椒均切细；大葱切节。
2.锅置火上，放油烧热，放入码入盐、蛋清、淀粉的羊肉滑熟。锅留底油，下野山椒、泡姜、大葱炒香，掺入鲜汤，加进金针菇、羊肉，加入精盐、味精，待原料熟透时，勾芡，起锅装盘。
3.锅下油，放入红尖椒炒香，浇于盘中即成。

荪蛋烩仔兔

主料：

带皮仔兔肉、竹荪蛋、青椒、红椒。

调料：

● 精盐、味精、豆瓣、泡辣椒、姜末、蒜末、香油、水淀粉、嫩肉粉、鲜汤各适量。

制作方法：

1. 把带皮仔兔肉砍成小块，用嫩肉粉腌一下。
2. 把腌好的兔肉在沸水里氽一下，捞出备用；竹荪蛋也入水氽一下，捞出备用。
3. 锅中放入油，依次放入豆瓣、泡辣椒、姜末、蒜末炒香，加入鲜汤，把兔肉和荪蛋合烧，加入青红椒条，加精盐、味精调好味，勾芡起锅，面上淋上香油即成。

操作要领：

砍兔块时一定要把兔块的血水洗净，以免有腥味。竹荪蛋应氽去异味。

菠饺带皮兔

主料：

带皮兔、菠饺、尖椒。

调料：

● 精盐、味精、鸡精、鲜汤、精炼油各适量，另备豆瓣味碟。

制作方法：

1. 兔肉漂去血水，入锅中氽熟；菠饺煮熟；尖椒切圈。
2. 锅内加鲜汤烧沸，调入精盐、味精、鸡精，下兔肉煮熟，起锅装盘，围上菠饺，撒上尖椒圈，浇上热油，伴豆瓣味碟上桌即成。

操作要领：

兔肉要煮熟；菠饺不可煮变色；浇油要烫。

营养特点

兔肉肉质疏松细嫩，易被人体消化吸收，对血小板的黏聚性有较好的抑制作用，还可防止血管硬化。

酥皮兔腿

主料：

鲜兔腿、青椒、红椒、西芹。

调料：

● 精盐、十三香、高粱白酒、老姜、饴糖、胡椒粉各适量。

制作方法：

1.鲜兔腿洗净放入盛器内，放入调料，用竹签分别将兔腿扎孔，码味均匀。

2.青椒、红椒、西芹分别改切成菱形。

3.锅内放油，将着味兔腿去味渣放入锅内炸至肉熟外酥后装盘，盘中放入炒熟的青椒、红椒、西芹即成。

操作要领：

兔腿一定要码入味，否则兔肉内无味。

炸兔腿应先用中低油温，炸熟后再用中、高油温炸酥。

营养特点

兔肉性偏寒凉，所以脾胃虚寒有呕吐、泄泻者忌用，也不宜与鸡心、鸡肝、橘、鳖肉等同食。

白玉炒兔肉

主料：

嫩冬瓜、鲜兔腿肉、胡萝卜。

调料：

● 生姜、葱、色拉油、盐、味精、白糖、湿生粉、绍酒、熟鸡油各适量。

制作方法：

1.嫩冬瓜去皮去籽切片，鲜兔腿肉切片，胡萝卜去皮切片，生姜去皮切片，葱切段。

2.兔肉加少许盐、味精、绍酒、湿生粉腌好，烧锅下油，待油温80℃时，下入兔肉，泡于八成熟倒出。

3.锅内留油，放入姜片、胡萝卜片、冬瓜片，用中火炒至快熟，放入兔肉片、葱段，调入盐、味精、白糖炒透，用湿生粉勾芡，淋入熟鸡油即可。

藿香干锅兔

主料：
仔兔、藿香、茶树菇、青红尖椒。

调料：
● 干辣椒、青花椒、豆瓣酱、香辣酱、姜片、蒜片、葱节、盐、酱油、白糖、料酒、胡椒、味精、香油、色拉油、鲜汤各适量。

制作方法：
1.仔兔剁成块；茶树菇切成段；青红尖椒斜刀切成段。
2.炒锅上火，烧油至五成热，放入仔兔、料酒煸炒至水气干，下干辣椒、青花椒、豆瓣酱、香辣酱、姜片、蒜片、葱节炒至油红，掺入鲜汤，调入盐、酱油、白糖、胡椒烧至兔肉八成熟，放入茶树菇、青红尖椒略烧，起锅时调入味精，淋入香油，撒上藿香即可。

操作要领：
也可在烧兔时加入适量藿香，其藿香的香味更浓。

营养特点
藿香具有祛暑解表、化湿脾、理气和胃的功效。

厨房小知识
藿香的嫩茎叶是野菜佳品，芳香味极浓，可凉拌、做粥，也可作菜点的佐料。

Part 3 麻辣鲜香 百菜百味

招牌川味创新菜之

热菜·禽肉篇

柠檬童子鸡

主料:
童子鸡、柠檬。

调料:
● 白糖、香油、精盐、植物油各适量。

制作方法:
1. 童子鸡宰杀后去毛和内脏,洗净斩成小块,柠檬一个榨取汁,一个切瓣。
2. 炒锅上火放油,烧至八成热时下入欢声,煎至呈金黄色,加入清水、柠檬汁、白糖、精盐、香油,用文火煨30分钟,放入柠檬瓣,炒匀起锅。

操作要领:
童子鸡去除内脏后洗净,不用切块。

营养特点

鸡肉蛋白质的含量比例较高,种类多,而且消化率高,很容易被人体吸收利用有增强体力、强壮身体的作用。另外鸡肉含有对人体生长发育有重要作用的磷脂类,是中国人膳食结构中脂肪和磷脂的重要来源之一。

厨房小知识

老鸡肉用猛火炖煮,肉质较硬不可口,如果能先用凉水加少量食醋泡上2个小时左右,在进行料理,肉质就会变得鲜嫩了。另外老鸡肉最适合配合啤酒进行料理,啤酒不但可以让老鸡肉更加鲜嫩,而且成品味道纯正,鲜嫩可口。有了这两个方法管他有多老的鸡肉保证轻松搞定。

干锅香辣鸡

主料：

鸡肉、青红辣椒。

调料：

● 精炼油、干辣椒、姜片、葱节、蒜片、花椒、啤酒、料酒、白糖、酱油、盐、辣酱各适量。

制作方法：

1.鸡肉切小块，用姜片、盐、酱油腌制两小时；青红辣椒切段。

2.锅里放油烧热，爆香葱节、蒜片、干辣椒，下入鸡肉煎到肉金黄且水分稍干时，调入辣酱、料酒、酱油、白糖、盐翻炒均匀，再倒入啤酒，盖上盖子焖至鸡肉熟透、汤汁基本收干即可。

操作要领：

鸡块焖煮要掌握火候，防止鸡肉绵软；啤酒用量大概为 1/3 瓶。

营养特点

鸡肉对营养不良、畏寒怕冷、乏力疲劳、月经不调、贫血、虚弱等症有很好的食疗作用。

厨房小知识

老鸡用猛火煮，肉硬且不可口，如能先用凉水加少量食醋泡 2 小时，再用文火煮，肉就会变嫩。

焗豆烩鸡肾

主料：

鸡肾、芸豆。

调料：

● 精盐、香油、味精、鸡精、鲜汤、豆瓣各适量。

制作方法：

1.鸡肾洗净，去表层的膜，氽水备用；芸豆用高压锅加鲜汤压熟。

2.锅中放入精炼油烧热，下豆瓣炒香，加鲜汤，再倒入压熟的芸豆、鸡肾同烧，待收成浓汁时，加入香油、味精推匀，起锅装盘即可。

操作要领：

鸡肾要去掉膜，否则有异味；芸豆要撕去老筋。

营养特点

鸡胗可治积食胀满、呕吐反胃、泻痢、疳积、消渴、遗溺、牙疳口疮以及利便、除热解烦。

川王鸡杂

主料：

鸡杂（鸡肝、鸡心、鸡肠）、鸡血、豆芽、蒜苗。

调料：

● 豆瓣、泡辣椒、葱花、花椒、大蒜、胡椒粉、盐、鸡精、料酒、鲜汤、泡姜、白糖、干辣椒、色拉油各适量。

制作方法：

1.鸡肝、鸡心、鸡血分别切成片，鸡肠刮去黏液后洗涤干净剁成段，入沸水中氽一水，捞出备用；蒜苗切段；豆芽洗净备用。

2.炒锅置火上，烧油下豆瓣炒香，放入泡辣椒、花椒、大蒜、泡姜炒香，掺入鲜汤，放入料酒、盐、白糖、胡椒粉烧出味后，加入鸡精即成汤料。

3.将蒜苗装入碗内，鸡杂用调好的汤汁煮至断生，连同汤汁倒入碗内，撒上葱花；干辣椒入锅用油炒香，淋于鸡杂上即可。

剁椒鸡肾

主料：

鸡肾、儿菜。

调料：

● 小米辣末、蒜米、剁椒、味精、料酒、鸡精各适量。

制作方法：

1. 鸡肾洗净切成片，加入精盐、料酒码入味，放入沸水中汆熟；儿菜用清水煮熟，放入盘中装盘成葵花状。

2. 鸡肾片装入盘中儿菜上，挂上用小米辣末、蒜米、剁椒、味精、鸡精炒好的剁椒汁即成。

操作要领：

鸡肾汆水一定要掌握好时间，不然肉质老，失去口感，剁椒味要浓。

营养特点

鸡杂有助消化、和脾胃之功效。

泡椒鸡肾

主料：

鸡肾、泡椒、泡子姜片。

调料：

● 芹黄、醪糟、葱节、啤酒、精盐、鸡精、味精、泡椒油（用菜籽油、泡辣椒炼制出来的油）各适量。

制作方法：

1. 将鸡肾放入沸水中，汆至表皮结膜时捞出，撕去杂筋。

2. 泡椒油下锅烧热，放进泡椒、泡子姜片、醪糟，用小火炒出香味，倒入啤酒，下鸡肾同烧 3 分钟，烹入精盐、鸡精、味精、芹黄、葱节，待收汁时，起锅即成。

操作要领：

撕鸡肾上的筋时，注意不要撕破表膜；加入啤酒要适量。

营养特点

鸡肾含脂肪、蛋白质、碳水化合物等，可壮阳、行气、补肾。

锅仔韭香鸡杂

主料:
鸡肠、鸡心、鸡肝、鸡胗、水发粉丝、金针菇、水发木耳、韭菜、红尖椒。

调料:
● 海鲜豉油、水淀粉、盐、白糖、料酒、味精、鲜汤、色拉油各适量。

操作要领:
鸡杂过油时,注意火候和油温,避免鸡杂质老韧。

营养特点
鸡杂有助消化、和脾胃之功效。

厨房小知识
鸡胸肉很嫩,不能烧时间长。把冻鸡胸肉解冻后,沥干水分,最好用毛巾吸一下最好,然后把鸡肉切成块,加点盐,加 1 个蛋清,搅拌感觉鸡肉黏手、有光泽了,加 1 勺淀粉,腌制片刻。做锅油,温热即可,然后把鸡胸肉滑炒至熟。油温不能太热,否则就是炸了。如果炸的话,鸡肉就会很干、很硬。

制作方法:
1.鸡肠剁成段、鸡心片开成片、鸡肝切成条、鸡胗剞上花刀切片;鸡杂同放于碗内,加盐、胡椒、料酒、水淀粉拌匀,码味 10 分钟;韭菜切成花;红尖椒切圈。
2.水发粉丝、金针菇、木耳入汤锅烫煮至断生,打起装在锅仔里;鸡杂入热油锅滑散,打起也装入锅仔中。
3.海鲜豉油、盐、白糖、料酒、味精、鲜汤入锅烧沸,淋于鸡杂上,最后撒上韭菜花,将红尖椒圈入油锅炒香,淋于锅仔内即可。

椒盐八宝鸡

主料：

母鸡、糯米、豌豆仁、莲子、薏仁、芡实。

调料：

● 料酒、精盐、酱油、蛋清、淀粉、椒盐、素油、香油各适量。

制作方法：

1.母鸡宰杀干净，抹上料酒、精盐；豌豆仁入沸水中汆水；糯米洗净；莲子去心；薏仁与芡实淘洗泡发，加适量水上笼蒸烂。

2.将豌豆仁、糯米、莲子、薏仁、芡实混合，加精盐拌匀，装入鸡腹中。

3.将鸡放入沸烫中煮几分钟后捞出，再上蒸笼约2小时，取出晾凉，抹上酱油、蛋清、淀粉。

4.锅内放油烧热，下入鸡炸至呈金黄色时捞起，淋香油，另配椒盐碟上桌即可。

操作要领：

鸡一定要蒸熟透；炸制时油温不要太高，五六成热即可。

营养特点

鸡肉肉质细嫩，滋味鲜美，由于其味较淡，因此可使用于各种料理中。鸡肉蛋白质的含量颇多，可以说是蛋白质最高的肉类之一，是属于高蛋白低脂肪的食品。

厨房小知识

选购鸡爪时，要求鸡爪的肉皮色泽白亮并且富有光泽，无残留黄色硬皮；鸡爪质地紧密，富有弹性，表面微干或略显湿润且不黏手。如果鸡爪色泽暗淡无光，表面发黏，则表明鸡爪存放时间过久，不宜选购。

尖椒玉米爆鸡丁

主料：

鸡丁、嫩玉米、尖椒。

调料：

● 精盐、味精、精炼油、豆粉各适量。

制作方法：

1. 鸡肉洗净切丁，尖椒洗净切节，嫩玉米洗净备用。

2. 锅中入油烧热，鸡丁上芡下油锅炒散，迅速加入尖椒和玉米，调入盐、味精，炒匀入味，最后勾芡，起锅装盘即成。

操作要领：

玉米、鸡丁均要求嫩，收汁不能过浓。

营养特点

鸡肉味甘性温，有补虚、祛邪的功用，是一种常见的高级食疗食补佳品。

尖椒掌中宝

主料：

鸡掌中宝、青红尖椒、香菜适量。

调料：

● 盐、料酒、水淀粉；葱节、姜片、蒜片、盐、白糖、味精、鸡精、香油、色拉油。

制作方法：

1. 鸡掌中宝放入盆内，加入料酒、水淀粉拌匀腌渍2小时；青红尖椒切成短节。

2. 炒锅上火烧油至五成热，下入鸡掌中宝至外表酥脆且熟时打起沥尽油。

3. 锅内留油少许，下入青红尖椒节、葱节、姜片、蒜片爆香，下鸡掌中宝，调入盐、白糖、味精、鸡精炒匀，淋香油起锅装入盛器中，撒上香菜即可。

泡椒玉掌

主料:

鸡爪、泡椒。

调料:

● 醪糟汁、姜蒜米、鲜笋、胡萝卜、青笋、精盐、鸡精、味精、豆粉、泡椒油鲜汤各适量。

制作方法:

1. 鸡爪入沸水煮约 3 分钟,捞出晾冷,用刀剥去大骨;鲜笋、青笋、胡萝卜切成一字条,加精盐码味。

2. 锅中放泡椒油,烧至四成热,下泡椒、姜蒜米、醪糟汁炒香,放入鸡爪同烧 1 分钟,下鲜笋、青笋、胡萝卜,掺鲜汤,烹精盐、味精、鸡精,勾芡,起锅装盘即成。

操作要领:

鸡爪要掌握好烫制时间;尽量保持鸡爪外形完整。

椒盐无骨凤爪

主料:

鸡爪(去骨)、青红尖椒。

调料:

● 姜葱油、姜蒜片、精盐、味精、卤水(浅色)、精炼油、料酒、糯米粉各适量。

制作方法:

1. 鸡爪洗净后汆一水,再放入卤水锅内卤熟捞出,改刀成块,续裹一层糯米粉下油锅炸至酥香;青红尖椒切成小段。

2. 锅内放姜葱油烧热,下青红尖椒、姜蒜片炒香,加进鸡爪翻炒,调入精盐、味精、料酒推匀,起锅装盘即成。

操作要领:

炸鸡爪要控制好油温,以六成热为宜。

营养特点

鸡爪含蛋白质、脂肪、维生素 A、维生素 E、尼克酸、胆固醇、钙、铁、磷等成分。

椒盐掌中宝

主料：
鸡掌中宝、洋葱、青红椒。

调料：
● a料：姜葱汁、花生酱、盐、料酒、水淀粉；
● 其他：葱节、蒜米、盐、花椒面、味精、色拉油。

制作方法：
1. 鸡掌中宝放入盆内，加入 a 料拌匀腌渍 2 小时；洋葱切成小块；青红椒切成米。
2. 炒锅上火烧油至五成热，下入鸡掌中宝炸至外表酥脆且熟时打起沥尽油。
3. 炒锅内留油少许，放入葱节、蒜米、青红椒米、洋葱爆香，投入掌中宝，下盐、花椒面、味精炒匀，起锅装入盘中即可。

操作要领：
可以加入辣味调味料，制成麻辣掌中宝。

营养特点
鸡掌中宝富含胶原和钙，尤其适合女性食用。

厨房小知识
鸡肉的表面如果具有光泽且有弹性者，即表示尚新鲜；失去新鲜度时便会分泌出肉汁，而会变得较软。

人参爆炒凤片

主料：

鲜人参、鸡胸肉、青瓜、胡萝卜。

调料：

● 生姜、花生油、盐、味精、湿生粉、麻油各适量。

制作方法：

1.鲜人参改切成片，鸡胸肉切片，青瓜去籽切片，胡萝卜去皮切片，生姜去皮切片。

2.鸡肉片加少许盐、味精、湿生粉腌好，烧锅下油，待油温90℃时，下入鸡片泡至八成熟倒出。

3.锅内留油，放入姜片、青瓜片、胡萝卜片、鲜人参片，加盐，用中火炒至快熟，合入鸡片，调入味精炒至入味，然后用湿生粉勾芡，淋入麻油，出锅即成。

操作要领：

鲜人参炒的时间不宜久，口味要清淡。

营养特点

人参有兴奋中枢神经、抗疲劳、抗病毒的能力，与鸡肉相配，能起到滋补和健脑益智的作用。

厨房小知识

鸡肉不宜与兔肉、鲤鱼、大蒜同时食用。

江湖干香鸡

主料：
三黄鸡肉、洋葱丝。

调料：
● 老油、姜片、蒜片、干红尖椒、香辣酱、精盐、味精、鸡精、精炼油各适量。

制作方法：
1. 鸡肉汆水后放入卤水锅中卤熟，捞出斩成块；洋葱丝放入精炼油中略炒，起锅装入紫砂锅中。
2. 锅中加入精炼油烧热，下入鸡肉块炸酥后，滗去多余的油，再放入老油、姜片、蒜片、干尖椒炒香，调入香辣酱、精盐、味精、鸡精炒匀，起锅装入紫砂锅中即可。

操作要领：
鸡肉汆水时间不要太久，断生即可。

凤翅裙边

主料：
裙边、鸡中翅、菜心、三野菌。

调料：
● 秘制家常油、鲜汤、精盐、味精、鸡精、水豆粉、白糖各适量。

制作方法：
1. 将水发裙边和三菌洗净改片，鸡中翅和菜心洗净备用。
2. 锅中下家常油，掺入鲜汤及各种调料烧沸，下三野菌及鸡中翅烧入味，待熟起锅装盘。
3. 锅中下裙边烧熟入味，起锅盖于菜面，原汁勾芡，淋于裙边鸡翅上即成。

操作要领：
裙边要最后单独烧，菜心汆于沸水，捞出围边。

营养特点

鸡翅的营养和食用价值为全鸡之首，含维生素 A 及维生素 E 较丰，肥瘦适宜，香而不腻，尤受女性食客的欢迎。

金瓜粉蒸鸡

主料：

仔鸡、小金瓜。

调料：

● 豆瓣、甜酱、白糖、醪糟汁、姜末、花椒、米粉、精炼油、料酒、醋各适量。

制作方法：

1. 金瓜切去顶端部分，挖空内瓤，洗净；鸡去骨，斩成条；豆瓣炒香备用。

2. 鸡肉中加入炒香的豆瓣、甜酱、白糖、醪糟汁、姜末、花椒、米粉、精炼油、料酒、醋等拌匀，入笼将鸡肉蒸至八成熟后取出，装入金瓜内再上笼蒸，待鸡肉全熟时即可。

操作要领：

鸡肉加入各种调料后一定要拌匀；蒸制要掌握好时间。

营养特点

金瓜性温味辛甘，能补中气而益元气、健脾胃而利湿浊、清心火而除烦渴、润肺止咳等。

焖罐鲍鱼鸡

主料：

土公鸡肉、金元鲍、青红椒。

调料：

● 姜米、蒜米、豆瓣酱、鲜汤、老抽、味精、鸡精、精炼油各适量。

制作方法：

1. 公鸡肉洗净剁成块，入沸水中汆去血污。

2. 锅中加入精炼油烧热，下入豆瓣酱、姜米、蒜米炒香，注入鲜汤烧，捞去料渣，下入鸡肉块、鲍鱼烧沸，调入味精、鸡精，用小火烧至鸡肉熟软离骨，起锅装盘即可。

操作要领：

炒豆瓣酱、姜米、蒜米要用小火；鲍鱼事先要用鲜汤煨熟入味。

营养特点

鸡肉补中助阳，鲍鱼下气利水，性味不反，但功能相乘。

三鲜鸡肝

主料：
鸡肝、水发草菇、虾肉、菜心。

调料：
● 香油、味精、精盐、白糖、葱段、姜片、蒜片、胡椒粉、料酒、淀粉、鸡蛋清、高汤、植物油各适量。

制作方法：
1. 草菇、鸡肝、菜心、葱、姜均洗净切好；备好其他材料。
2. 将鸡肝和虾肉在开水锅中余至半熟捞出，洗净血水；虾肉放入碗内，加入精盐、白糖、味精、淀粉、鸡蛋清拌匀，再加油拌匀；碗内放高汤、料酒、味精、精盐、白糖、香油、胡椒粉、淀粉，调成芡汁。
3. 锅放油烧热，把虾、鸡肝片放入锅中炸熟倒出；再放入葱段、姜片、蒜片、菜心、草菇，煸透后投入虾肉、鸡肝片，烹入料酒，倒入芡汁，推匀后装盘即可。

操作要领：

营养特点

鸡肝含有丰富的蛋白质、钙、磷、铁、锌、维生素A、B族维生素，是理想的补血食品，能保护眼睛、健美皮肤。

厨房小知识

一般来说鸡肉和菊花同食，会产生中毒反应，不能一起食用，一起食用可能会出现胸闷、呕吐等症状。

栗子炒鸡

主料：
鸡、栗子。

调料：
● 酱油、精盐、味精、料酒、葱、姜、水淀粉、花生油、熟油、白糖各适量。

制作方法：
1. 将光鸡洗净，剁成5厘米见方的块，加酱油拌匀；栗子放入开水锅内煮热，剥去外壳及皮；葱切段；姜切末。
2. 锅内放入花生油，放入鸡块炸至金黄色捞出，再将栗子入锅炸一下，捞出备用。锅留油，放葱段、姜末炸出香味，放入鸡块。
3. 加料酒、酱油、精盐和清水烧沸，转小火把鸡块焖至七成熟，放入栗子；当鸡块和栗子酥烂时，转旺火收汁；锅中卤汁用水淀粉勾芡，放味精、白糖和熟油，浇在鸡块上即成。

操作要领：
栗子的皮很难剥，以下介绍一个好办法。生栗子洗净后放入器皿中，加精盐少许，用滚沸的开水浸没，盖锅盖。5分钟后，取出栗子切开，栗皮即随栗子壳一起脱落，此法去除栗子皮省时、省力。

营养特点
栗子具有养胃健脾、补肾强筋、活血止血的作用，与补益五脏、养血的鸡相配，补而不腻。栗子还是补脑的佳品，其中含有碳水化合物达40%之多，蛋白质10.7%，脂肪2.7%，鲜栗子的维生素含量也非常丰富，很适合补脑。

宫保核桃鸡

主料：
鸡胸肉、核桃仁、红萝卜、青瓜。

调料：
● 生姜、花生油、盐、味精、白糖、白醋、湿生粉各适量。

制作方法：

1. 鸡胸肉切丁，红萝卜去皮切丁，青瓜去籽切丁，生姜去皮切小片，鸡肉加少许盐、味精、湿生粉腌好。

2. 烧锅下油，投入核桃仁，用小火慢炸，炸至酥香时捞出，再下入鸡丁，泡至九成熟时捞出待用。

3. 锅内留油，放入姜片、红萝卜丁、青瓜丁，炒至断生，加入鸡丁，调入盐、味精、白糖、白醋，用中火炒透入味，再用湿生粉勾芡，撒入炸好的核桃仁即可。

操作要领：
几种原料的大小要切法一致，炸核桃仁的火不能太大，以免把外面炸焦。

营养特点

此菜含丰富的不饱和脂肪酸，这是胎儿生长发育的重要营养成分，对孕妇因缺乏不饱和脂肪酸所引起的胆固醇偏高或偏低均有较好的疗效。

厨房小知识

感冒发热、内火偏旺、痰湿偏重之人，肥胖症、患有热毒疖肿之人，高血压、血脂偏高、胆囊炎、胆石症之人，均应忌食鸡肉。

啤酒洋葱鸡

主料：
鸡、洋葱、红辣椒。

调料：
● 姜丝、植物油、精盐、啤酒、老抽、冰糖、
茴香各适量。

制作方法：
1.将鸡切成块，放入锅中，再加入姜丝
及一勺啤酒，加入没过鸡块的清水，开
大火煮熟后沥水待用；辣椒切丝。
2.起油锅，加入姜丝、辣椒丝、茴香爆
香，倒入鸡块翻炒，再倒入啤酒、老抽、
冰糖及精盐，开小火焖煮。
3.待到汁水快收干的时候加入洋葱丝翻
炒入味，装盘。

操作要领：
啤酒加1瓶以内即可，倒太多汤头会呈现苦味。

营养特点
鸡肉配上能促人食欲的洋葱、红椒，令人食欲大开，滋养补虚。

厨房小知识
感冒发热、湿痰偏重、冠心病、高血压患者不宜食用。

XO酱爆鸭舌

主料：
鸭舌、青红尖椒、菜胆。

调料：
● XO酱、精盐、味精、精炼油各适量。

制作方法：
1. 鸭舌洗净煮熟，去舌根；青红尖椒切成节；菜胆焯水装盘。
2. 锅中加入精炼油烧热，放入青红椒炒香，再加入鸭舌用旺火爆一下，调入XO酱、精盐、味精炒匀，起锅装入盛有菜胆的盘中即成。

操作要领：
鸭舌煮时一定要入味及去除异味，下锅后要快速翻炒。

营养特点
鸭舌含有对人体生长发育有重要作用的磷脂类，对神经系统和身体发育有重要作用，对老年人智力衰退有一定的抑制作用。

川式香辣鸭腿

主料：
鸭腿。

调料：
● 啤酒、精盐、味精、鸡精、胡椒粉、白糖、精炼油、郫县豆瓣、干辣椒、海椒面、花椒、姜、葱、蒜、料酒各适量。

制作方法：
1. 鸭腿用精盐、料酒、姜、葱码味2小时；姜、蒜剁细；葱切段。
2. 炒锅置火上，注入水烧沸，倒入鸭腿，煮熟后捞出。
3. 锅内放入精炼油，烧至六成热后倒入煮熟的鸭腿，无水分后捞出。
4. 锅留底油，投入豆瓣、姜、蒜、辣椒面炒香出色，加入香料、啤酒，倒入炸好的鸭腿，用小火慢慢收汁亮油即可。
5. 锅留底油，投入干辣椒节、花椒炒香，倒入鸭腿炒香，装盘成菜。

双椒爆鸭舌

主料：

鸭舌。

调料：

● 卤水、豆粉、姜片、蒜片、香油、水豆粉、辣椒油各适量。

制作方法：

1.鸭舌洗净，放入卤水中卤熟捞出，拍上豆粉，下入热精炼油中炸紧皮；青红椒洗净，切成节。

2.锅中加入辣椒油烧热，加入姜片、蒜片、青红椒节炒香，再加进鸭舌稍炒，用水豆粉勾芡，淋入少许香油推匀，起锅装盘即可。

操作要领：

鸭舌过油时，不要炸得过干。

营养特点

鸭舌蛋白质含量较高，易消化吸收，有增强体力，强壮身体的功效。

椒盐鸭舌

主料：

鲜鸭舌。

调料：

● 脆浆粉、精盐、味精、姜葱、料酒、花椒粉、精炼油、香油各适量。

制作方法：

1.鸭舌洗净，加盐、姜葱、料酒码入味，汆水，再上笼蒸熟。

2.锅内下油烧热，放入拖过脆浆粉的鸭舌浸炸，待色呈金黄时捞出；锅留底油，下盐、花椒粉、味精、鸭舌、料酒推匀，撒入葱花，滴少许香油，起锅装盘即成。

操作要领：

炸鸭宜用150℃～180℃的油温。

营养特点

鸭舌为鸭中珍品，有滋阴养血、益胃生津等功效，尤宜口舌溃疡、生疮等患者食用。

干锅鸭唇

主料:

鸭唇、西芹、水发香菇、香菜。

调料:

- a料：盐、胡椒、料酒、白糖、五香粉、姜葱汁；
- 香辣酱、干辣椒、花椒、葱节、姜片、熟大蒜、盐、白糖、味精、鲜汤、色拉油各适量。

制作方法:

1. 鸭唇入盆，加入a料拌匀码味30分钟；西芹、水发香菇分别切成条。
2. 炒锅上火，烧油至六成热，将鸭唇下入锅中炸熟打起备用。
3. 锅内留油少许，投入香辣酱、干辣椒、花椒、葱节、姜片、熟大蒜炒香，下鸭唇、西芹、水发香菇炒匀，掺入鲜汤，放入盐、白糖调好味，待烧至鸭唇入味后，调入味精，待汤汁将干时起锅装入盛器中，撒上香菜即可。

干锅鸭脖

主料:

香卤鸭脖、青红椒、茶树菇。

调料:

- 干辣椒、花椒、葱节、姜片、蒜片、盐、白糖、味精、鲜汤、色拉油各适量。

制作方法:

1. 鸭脖斜刀剁成节；青红椒切成条；茶树菇切段。
2. 炒锅上火，烧油至六成热，将鸭脖下入锅中炸干水汽打起备用。
3. 锅内留油少许，投入干辣椒、花椒、葱节、姜片、蒜片炒香，下鸭脖、茶树菇炒匀，掺入鲜汤，放入盐、白糖调好味烧至鸭唇入味，放入青红椒条炒匀，待汤汁将干时调入味精，起锅装入盛器中即可。

干烧鸭掌

主料：

鸭掌、肥肉。

调料：

● 葱、蒜、姜、白糖、味精、精盐、啤酒、醋、鲜汤、豆瓣、精炼油各适量。

制作方法：

1. 鸭掌煮好；姜、蒜切成末；肥肉切粒。
2. 锅内下油烧热，放入豆瓣、姜、蒜、啤酒、白糖，掺鲜汤烧沸，打去渣料，再放进鸭掌、肥肉粒、葱、味精、精盐、醋推匀，起锅装盘即成。

操作要领：

鸭掌要烧熟且入味。

营养特点

鸭掌含蛋白质、脂肪、碳水化合物等，其中胶原蛋白尤为丰富，有美容护肤的作用。

传奇鸭掌

主料：

鸭掌、笋子。

调料：

● 干辣椒、花椒、卤水、香辣酱、葱段、姜片、蒜片、盐、白糖、料酒、味精、鲜汤、香油、色拉油、熟芝麻各适量。

制作方法：

1. 鸭掌入卤水锅卤至熟，入热油锅略炸捞起；笋子入沸水锅焯一水。
2. 炒锅上火，下油烧热，放入香辣酱、葱段、姜片、蒜片爆香，放入鸭掌、笋子炒匀，掺入鲜汤，加盐、白糖、料酒调好味，烧至汁将干时，调入味精，淋入香油，起锅装在锅仔内，撒上熟芝麻即可。

操作要领：

鸭掌卤制时注意不要卤得过熟软，以免炒制时不成形。

营养特点

鸭掌具有温中益气、填精补髓、活血调经的作用。

冬笋鸭粒卷

主料:

冬笋、板鸭、猪肥膘肉、鸡蛋。

调料:

● 姜末、面包糠、蛋清豆粉、全蛋豆粉、精盐、味精、胡椒粉、精炼油各适量。

制作方法:

1. 鸡蛋在热锅中摊成蛋皮; 冬笋、板鸭、猪肥膘肉等切成小粒, 炒香调味, 晾凉后作为馅料。

2. 将蛋皮包馅料卷成圆筒状, 拖全蛋豆粉后均匀地裹上一层面包糠, 入四成热油锅中炸至金黄色成熟时起锅, 改节装盘即可。

操作要领:

成形时应压实卷紧, 作为黏合剂的蛋清豆粉的调制勿太稀。

冬菜扣鸭

主料:

鸭子、冬菜。

调料:

● 姜、葱、精盐、酱油、味精、料酒、五香粉、香油、精炼油各适量。

制作方法:

1. 鸭子宰杀后洗净, 用精盐、料酒、姜、葱、五香粉抹遍鸭身内外, 腌渍约40分钟; 冬菜洗净, 切成长1厘米的条。

2. 将鸭子放入蒸笼蒸熟后, 取出揩干水分, 下热油锅炸至呈金黄色时捞出, 斩成长5厘米、宽2厘米的鸭条, 摆入蒸碗中, 皮朝下, 呈"三叠水"形, 调入精盐、味精、酱油及料酒, 放入冬菜, 上笼蒸约30分钟取出, 翻扣入盘, 淋上香油即成。

操作要领:

蒸鸭的时间要视鸭的老嫩而定, 否则会绵老或难以成形。

冒菜樟茶鸭

主料：
樟茶鸭、黄豆芽。

调料：
● 葱节、精盐、味精、鸡精、卤水、鲜汤、香油各适量。

制作方法：
樟茶鸭斩条，定碗，加卤水上笼蒸熟取出，锅中倒入蒸汁，掺进鲜汤烧沸，吃好味，下黄豆芽煮一下捞出，垫于碗底，然后将樟茶鸭扣于豆芽上，淋入汤汁，撒上葱节即可。

操作要领：
蒸樟茶鸭时，加卤水不宜太多；冒豆芽时间不宜太久，以免失去脆感。

营养特点
黄豆芽含碳水化合物、多种维生素、胡萝卜素、氨基酸、钙、铁、磷等成分，其性平味甘，能清热利湿、消肿除痹等。

灌汤烤鸭

主料：
仔鸭、豆芽。

调料：
● a料：盐、胡椒、料酒、姜、葱、五香粉；
● b料：饴糖、清水；
● 其他：卤水、盐、味精、胡椒、鲜汤、葱花、鲜汤、香油、色拉油各适量。

制作方法：
1.仔鸭宰杀制尽，入盆加a料拌匀码味2小时。
2.将仔鸭入沸水锅焯一水至皮紧，捞起趁热抹上b料调匀的糖水。
3.仔鸭刷上色拉油，入220℃的烤箱烤制成熟。卤水入锅加入鲜汤烧沸，调入盐、味精、胡椒，放入豆芽煮断生，打起入盆，烤鸭剁成条也装入盆内；锅内卤水，淋入适量香油，起锅灌于烤鸭盆内，撒上葱花即成。

三宝鸭脯

主料：

鸭肉、糯米、红萝卜、冬菇。

调料：

● 姜、上海青、花生油、盐、味精、白糖、湿生粉、麻油各适量。

制作方法：

1. 鸭肉切成厚片，用刀拍松，糯米泡透，红萝卜去皮切成粒，冬菇切粒，姜去皮切米，上海青去老叶洗净。

2. 糯米中加入红萝卜粒、冬菇粒、姜米、盐、味精，拌匀，酿入鸭脯上摆碟内，入蒸笼蒸 10 分钟。

3. 上海青用开水烫熟，摆入鸭脯中间，另烧锅下油，注入清汤，调入剩下的盐、味精、白糖烧开，用湿生粉勾芡，淋入麻油，浇到鸭脯上即成。

操作要领：

糯米先要用温水泡透，否则很难蒸熟。

营养特点

鸭有滋阴补虚、强壮身体、提高抗病能力、延缓衰老等功效。

厨房小知识

切辣椒时，应用指头去按着辣椒表面，以这样的切法手就不会辣了。

XO手酱爆鸽胗

主料：

鸽胗、青红尖椒。

调料：

● a料：盐、胡椒、姜葱水、料酒；
● b料：XO酱、姜片、蒜茸、葱节；
● c料：盐、胡椒粉、料酒、白糖、味精、香油、鲜汤、水淀粉；
● 色拉油。

制作方法：

1.鸽胗入盆，加入a料拌匀，腌渍20分钟；青红尖椒切成短节；c料入碗兑成味汁。
2.锅内烧清水至沸，下入鸽胗焯一水，打起沥尽水。
3.净锅内烧油至五成热，下入b料炒香，投入鸽胗和青红尖椒炒匀，最后烹入兑好的味汁炒匀装入盘中即可。

操作要领：

鸽胗质地嫩脆，不适宜长时间烹制，以免质地老韧。

营养特点

鸽胗的铁元素含量丰富，适宜于女性食用。

厨房小知识

人们都认为鸽汤、鸡汤能补身体，但鸽肉、鸡肉中的大量脂肪经煮汤后融化入汤，汤中的油消化不完，便存留在体内。若是孕妇不经常活动，则可能导致身体发胖、发虚、头晕眼花，不仅对孕妇不好，长期下来还会对宝宝造成影响。

干锅魔芋烧鸭

主料：

土鸭、魔芋。

调料：

● 豆瓣、精盐、味精、醋、酱油、白糖、姜、蒜、料酒、鲜汤各适量。

制作方法：

1. 鸭宰杀洗净，斩成块；魔芋切成条。
2. 锅内下油烧热，放鸭块爆香后盛出。锅留底油，下豆瓣炒香，烹入料酒，掺入鲜汤，加入各调料调好味，再加进鸭块、魔芋烧熟即成。

操作要领：

爆鸭块宜用大火；炒豆瓣要用小火。

营养特点

魔芋味辛性温，有化疾散积、行瘀消肿，治咳嗽、积滞疟疾、闭经、跌打损伤、痈肿、疗疮、丹毒等功效。

尖椒炝香鸭

主料：

仔鸭、尖椒。

调料：

● 味精、盐、料酒、干辣椒、八角、草果、精炼油、花椒各适量。

制作方法：

1. 鸭宰杀洗净，氽去血水，加入八角、草果煮熟捞出，改刀成条。
2. 锅内下油烧热，放入尖椒、干辣椒、花椒炒香，加进鸭条颠炒，调入盐、味精、料酒，炒匀即成。

操作要领：

煮鸭注意掌握好时间；干辣椒、尖椒、花椒要炒出香味。

营养特点

尖椒含辣椒碱、挥发油、维生素 C 等营养成分。

泡椒珍珠胗

主料：

鹌鹑胗、泡椒。

调料：

● 精炼油、蒜、姜、葱、盐、味精、料酒、白糖、鲜汤各适量；另备一些牙签。

制作方法：

1. 鹌鹑胗用盐、姜、葱、料酒码味 10 分钟，用牙签串成串；泡椒一部分剁成泥，另一部分切成短节；姜、蒜切米。
2. 锅置旺火上，下精炼油烧至六成热，入鹌鹑串炸至八成熟。
3. 锅内留油，放泡椒泥、泡椒节、姜蒜米炒香，掺汤烧沸，再下炸好的鹌鹑串，烹入味精、白糖，收汁，起锅装盘。

操作要领：

炸鹌鹑胗时注意掌握好火候；收汁时汤宜少。

栗子烧鹌鹑

主料：

鹌鹑、栗子。

调料：

● 精盐、味精、白糖、老抽、料酒、姜、葱、胡椒、鲜汤、精炼油各适量。

制作方法：

1. 鹌鹑宰杀洗净，斩块，用精盐、料酒码味过油；栗子剥去外壳，过油。
2. 锅留底油，放入姜、葱爆香，掺鲜汤烧沸，去渣料，加进栗子、鹌鹑烧至熟透时，调入精盐、味精、白糖、老抽、胡椒，起锅装盘即成。

操作要领：

烧制时间要掌握好。

营养特点

栗子有补肾强筋、养胃健脾、活血止血等功效。

四宝酿鸭方

主料:

鸭脯肉、糯米饭、莲子、枸杞、玉米粒、西兰花。

调料:

● 生姜、花生油、盐、味精、白糖、湿生粉、熟鸡油各适量。

制作方法:

1. 鸭脯肉切成长形厚片,用刀脊拍松,莲子泡透蒸熟,枸杞泡透,西兰花切成颗,用开水烫熟,生姜去皮切粒。
2. 在碗内放入糯米饭、熟莲子、枸杞、玉米粒,调入一部分盐、味精做成馅,酿入鸭脯肉上。
3. 入蒸柜蒸8分钟,摆上西兰花,另烧锅下油,注入清汤,调入剩下的盐、味精、白糖烧开,用湿生粉勾芡,淋入熟鸡油,浇到蒸好的鸭脯上即成。

三丁鸭脯盏

主料:

鸭脯肉、冬笋、松仁、土豆。

调料:

● 精盐、味精、胡椒粉、豆瓣、白糖、精炼油、香油、豆粉、蚝油各适量。

制作方法:

1. 鸭脯肉切丁,码味上粉,过油;土豆切丝,炸呈金黄色的小盏子;冬笋洗净,切丁;松仁炸熟。
2. 锅留底油,下豆瓣炒香,加进蚝油、冬笋、鸭肉等翻炒一会儿,勾芡,起锅装入土豆做的小盏子内,撒上松仁即成。

操作要领:

鸭肉丁宜切得大小均匀;土豆小盏子不可炸焦。

营养特点

冬笋性寒味甘,能利膈爽胃、化痰益气、清热解渴,可治心胃有热、胸膈不利、二便不畅等。

仔姜爆乳鸽

主料：

乳鸽、仔姜、青红椒。

调料：

● 盐、味精、鸡精、白糖、醋、辣椒油、葱、料酒、精炼油各适量。

制作方法：

1. 将乳鸽洗净去血水，改刀，用盐、料酒码好；泡仔姜改刀；青红椒改刀成条。
2. 锅置火上，下油，待油温七成热时，把码好的乳鸽爆制出来；另起一锅，下辣椒油把仔姜、青红椒炒香，下乳鸽，烹入料酒，下其他调料，翻炒均匀，起锅装盘即成。

操作要领：

油爆乳鸽的温度、时间要掌握好，以免影响其肉质。

营养特点

乳鸽肉营养丰富，易于消化，除含蛋白质、脂肪外，所含微量元素和维生素也比较均衡。

串烤鸽脯

主料：

乳鸽。

调料：

● 精盐、胡椒粉、料酒、香油、辣椒油、花椒粉、芝麻、干辣椒、孜然、姜、葱各适量。

制作方法：

1. 乳鸽宰杀，去尽内脏，用清水洗净，斩成丁，用精盐、胡椒粉、姜、葱、料酒码味 5 分钟。
2. 取出鸽肉，加孜然、辣椒油、花椒粉和匀，用铁钎串成串，放在烤盘内，再加入辣椒、芝麻，入烤箱烘 15 分钟，取出，刷上香油即成。

操作要领：

鸽肉要放尽血水。烘烤时间要掌握好，否则烤久了肉质变老，时间不够又会不香不熟。

粉丝捞鹅掌

主料：
卤鹅掌、水发粉丝。

调料：
● 卤水、姜葱油、盐、味精、鸡精、香油、红油各适量。

制作方法：

1. 卤鹅掌剁成块；水发粉丝沥干水，加入适量红油拌匀。
2. 锅上火，烧油至五成热，倒入鹅掌稍炸打起。
3. 姜葱油入锅，放入鹅掌、粉丝，加入适量卤水略烧，待汁水将干时，调入盐、味精、鸡精，加香油翻炒均匀即可。

操作要领：
粉丝一定要用油拌匀，以免下锅成团。

营养特点
粉丝的营养成分主要是碳水化合物、膳食纤维、蛋白质、烟酸和钙、镁、铁、钾、磷、钠等矿物质。

厨房小知识：
粉丝有良好的吸附性，它能吸收各种鲜美汤料的味道。

菌香手撕鹅

主料：

仔鹅、杜仲、干菊花菌。

调料：

● 鸡精、盐、八角、山奈、鸡油、干葱、姜、料酒各适量。

制作方法：

1.仔鹅1只用盐1克、料酒10毫升、姜10克、葱10克腌制2个小时，氽水，入桶加水淹没过鹅，放入杜仲、盐、鸡精、八角、山奈卤制，卤熟，捞起晾干，手撕为丝。

2.菊花菌水发，洗净，加入鸡油、姜、干葱上笼蒸20分钟，冷却挤干水分。

3.手撕鹅、菊花菌一起放入盘内，加入调料拌匀装盘即可。

操作要领：

蒸菊花菌时一定要保鲜膜封好，香味才浓。

营养特点

鹅肉是理想的高蛋白、低脂肪、低胆固醇的营养健康食品。

厨房小知识

鹅肉不能与茄子一起吃，对肾脏会有很大的损伤，造成不良的反应。

双椒煸香鹅

主料：

鹅肉、青椒、红美人椒。

调料：

● 菜油、姜蒜末、红小米辣末、麻辣鲜露、藤椒油、生抽各适量。

制作方法：

1. 鹅肉洗净，切成小丁，加入生抽码味。青红美人椒切丁，姜蒜、小米辣剁末。
2. 锅中加入油烧六成热，下入鹅肉丁煸炒至表面微黄吐油，再下姜、蒜、小米辣末炒香，续加入青、红美人椒丁，烹入麻辣鲜露、藤椒油，翻炒出香味，起锅装盘即成。

操作要领：

鹅肉要煸干水汽，姜蒜小米辣炒出香味。

营养特点

鹅肉蛋白质的含量很高，富含人体必需的多种氨基酸、多种维生素、微量元素，并且脂肪含量很低。

杂果鹅肉

主料：

鹅肉、西芹、白果、腰果、夏果。

调料：

● 精盐、味精、鸡精、精炼油、豆粉各适量。

制作方法：

1. 鹅肉切丁，用精盐、味精、豆粉码味备用；西芹切小菱形块；白果去壳去皮，与西芹一同焯断生捞出；夏果、腰果下油锅炸脆。
2. 锅放油烧热，下鹅肉滑熟捞出，再下西芹、白果、鸵鸟肉同炒，放精盐、味精、鸡精炒匀入味，勾芡，放入夏果、腰果起锅即成。

操作要领：

过油时油温五六成热为宜。

营养特点

鹅肉尤其适合气血不足、营养不良之人食用。

Part 4 麻辣鲜香 百菜百味

招牌川味创新菜之

热菜·水产篇

宫保虾仁

主料：
虾仁、青尖椒、盐酥花仁。

调料：
● a料：盐、胡椒、姜葱汁、蛋清、干细淀粉；
● 其他：干辣椒节、花椒、姜片、蒜片、葱丁、盐、酱油、白糖、醋、味精、料酒、鲜汤、水淀粉、色拉油各适量。

制作方法：
1.虾仁挤干水入碗，加入a料拌匀码味上浆；青尖椒切成节。
2.盐、味精、酱油、醋、白糖、料酒、鲜汤、水淀粉入碗兑成味汁。
3.炒锅上火，烧油至四成热，下入虾仁滑散，滗去油，下干辣椒、花椒、姜片、蒜片、葱丁、青尖椒节炒出香味，然后烹入味汁，待收汁后，撒入花仁炒匀，起锅装入盘中即可。

操作要领：
虾仁滑油时，油温不能过高，以免下锅虾仁成团滑不散。

营养特点
虾仁能扩张冠状动脉，有利于预防高血压及心肌梗死。

厨房小知识
做蒜茸或芝士虾时，不妨从虾背把壳剪开，这样使虾更易进味，但不要剥壳。

三色凤尾虾

主料：

青河虾、圆椒、胡萝卜、冬菇。

调料：

● 生姜、鸡蛋白、花生油、盐、味精、白糖、胡椒粉、生粉、麻油各适量。

制作过程：

1. 青河虾去头、身的皮，留尾皮，从虾脊部直切一刀而不断，圆椒切菱形片，胡萝卜去皮切菱形片，冬菇切片，生姜去皮切片。
2. 虾加入少许盐、味精、蛋白、生粉腌好，烧锅下油，待油温 90℃时，倒入虾，滑泡至八成熟时捞起待用。
3. 另烧锅下油，放入姜片、圆椒片、胡萝卜片、冬菇片，加盐炒至断生，放入虾仁，调入味精、白糖、胡椒粉，用大火炒透入味，再用湿生粉勾芡，淋入麻油即成。

操作要领：

泡虾的油温要掌握好，不能太高。

营养特点

河虾营养丰富，每 100 克河虾含钙量 221 毫克，比对虾含钙量要高，是孕妇及胎儿补钙的首选食品。

厨房小知识

河虾下锅时要用大火，如用慢火煮，肉容易糜。

干烧东海大明虾

主料:

东海明虾、猪肉末、芽菜。

调料:

● 姜、蒜、葱、豆瓣、泡椒、料酒、香醋、红油、精炼油各适量。

制作方法:

1.明虾洗净、背部开刀,去掉沙筋备用。

2.净锅加精炼油烧热,下明虾炸至红色时捞出。

3.锅中留少许油,加入豆瓣、泡椒、姜、葱、蒜、肉末、芽菜煸炒,随即下入明虾,烹入料酒、清水,小火煨片刻改中火收汁,淋红油及香醋装盘即可。

操作要领:

炸虾时油温五六成热即可,煨制时间适中,收汁成自来芡。

麻花爆明虾

主料:

明虾、小麻花、香辣酥。

调料:

● 姜米、蒜米、盐、白糖、味精、香油、干细淀粉、色拉油、葱花各适量。

制作方法:

1.明虾去头,挤干水,粘上适量干细淀粉,入热油锅炸至皮酥,打起。

2.炒锅内烧油至五成热,下入香辣酥、姜米、蒜米爆香,投入虾、麻花炒匀,放入盐、白糖、味精调好味,淋入香油、撒葱花,簸匀后起锅装盘即成。

操作要领:

炸虾时,宜高油温下锅。

营养特点

明虾可减少血液中胆固醇含量,防止动脉硬化。

炝锅土豆虾

主料：

大虾、小土豆。

调料：

● 干辣椒、花椒、姜、葱、吉士粉、料酒、味精、香油、精炼油、精盐各适量。

制作方法：

1. 将小土豆煮熟去皮待用，虾去头，半开边去虾线，加姜、葱、料酒码味。
2. 将干辣椒、花椒下锅炒成煳辣椒，用刀剁成细末。
3. 将虾裹上吉士粉，下油锅炸熟捞出，再投入小土豆炸至皮皱，捞出，将刀口椒放入锅内，再放虾和土豆、味精、精盐、香油、葱花搅匀即成。

操作要领：

掌握炸虾油温；土豆要煮熟。

营养特点

土豆能健脾和胃，益气调中，通利大便，治消化不良、肠胃不和。

招牌煮蛙腿

主料：

蛙腿。

调料：

● 鲜花椒、泡仔姜丝、小米辣丝、精盐、味精、蛋清豆粉、鲜汤、豆瓣、姜米、蒜米、精炼油各适量。

制作方法：

1. 蛙腿加入精盐、蛋清豆粉码味上浆，下入四成热的精炼油锅中滑油捞出。
2. 锅内留少许油，放入豆瓣、姜米、蒜米、泡仔姜丝、小米辣丝炒香，加入鲜汤，打去渣料，再倒入蛙腿，放入精盐、味精、鸡精煮沸，倒入汤碗中，撒上鲜花椒，淋上热精炼油即可。

操作要领：

蛙腿滑油时，油温不可太高。

营养特点

牛蛙的营养十分丰富，是一种高蛋白质、低脂肪、胆固醇极低、味道鲜美的食品。

苦笋活水牛蛙

主料：

牛蛙、鲜苦笋、香菜、大葱。

调料：

● 豆瓣、泡椒节、干辣椒节、花椒、蒜姜片、精盐、味精、精炼油、豆粉各适量。

制作方法：

1. 牛蛙宰杀除去内脏，砍成小块；鲜苦笋改成长条片；香菜、大葱切成节。

2. 牛蛙码味上豆粉，入五成油锅中滑散。鲜苦笋、香菜、大葱放入锅中炒熟，放入盘中垫底。

3. 锅中留油，放入泡椒节、辣椒节、花椒、姜蒜片、豆瓣炒香，加鲜汤，放入牛蛙烧制一会，用豆粉勾芡起锅，装于盘内即成。

操作要领：

滑制牛蛙时油温不要太高；勾芡时豆粉不宜过多。

青花椒辣螃蟹

主料：

肉蟹。

调料：

● 青花椒、干辣椒节、精盐、味精、鸡精、白糖、花椒油、香油、豆粉、精炼油各适量。

制作方法：

1. 将肉蟹宰杀洗净，切成块，拍上干豆粉，放入精炼油中炸熟。

2. 锅中留少许油，放入青花椒、干辣椒节炒香，加进肉蟹块炒匀，调入精盐、味精、鸡精、白糖、花椒油炒匀，滴入少放香油，起锅装盘即成。

操作要领：

蟹要选用活的，炸制时要用中油温。

营养特点

螃蟹含有丰富的蛋白质及微量元素，对身体有很好的滋补作用。螃蟹还有抗结核作用，对结核病的康复大有补益。

玉米烩蟹肉

主料：
肉蟹、鲜玉米。

调料：
● 豆粉、精盐、味精、鲜汤、精炼油各适量。

制作方法：
1. 先将肉蟹洗净，取出净肉，用精盐码味；豆粉入油锅炒熟待用。
2. 锅内放鲜汤、鲜玉米、熟豆粉、调料调味，放入蟹肉稍烩一下，即勾入二流芡，放油少许推转起锅即可。

操作要领：
为便于取蟹肉，应先将蟹入沸水中汆一下，取出的蟹肉改成玉米粒大小的丁，以便蟹肉鲜嫩入味。

营养特点
蟹肉含蛋白质、脂肪、多种维生素、氨基酸、磷、铁等成分。

干锅极品蛙

主料：
牛蛙、青椒、泡椒。

调料：
● 盐、酱油、料酒、水淀粉、蒜瓣各适量。

制作方法：
1. 牛蛙洗净汆水；青椒洗净切块。
2. 油锅烧热，爆香蒜瓣，加牛蛙、酱油、料酒炒变色，再加青椒、泡椒、水烧熟。
3. 加盐调味，用水淀粉勾芡。

操作要领：
牛蛙肉质柔嫩，切记翻动过频会散。

营养特点
牛蛙可以促进人体气血旺盛，精力充沛，滋阴壮阳，有养心安神补气之功效。

串炸鲜贝

主料：

鲜贝、熟火腿、冬笋、青甜椒。

调料：

● 鸡蛋、精盐、料酒、胡椒粉、味精、白糖、白醋、干豆粉、香油、椒盐、精炼油各适量。

制作方法：

1. 鲜贝用鸡蛋清、料酒、盐、味精、胡椒粉拌匀，粘上一层干细粉；熟火腿、冬笋、青甜椒分别切成片。
2. 用竹签将鲜贝、熟火腿、冬笋、青甜椒片穿成串，放入贝串炸至酥香捞出，淋入香油，放入圆盘内，伴椒盐味碟上桌即成。

操作要领：

鲜贝串一定要岔色穿；掌握好炸的火候。

营养特点

鲜贝具有补虚养胃、补肾益血的作用。配以火腿、冬笋等，营养互补，更利于人体吸收。

干贝烩四宝

主料：

胡萝卜、青笋、白萝卜、蘑菇、干贝。

调料：

● 鲜汤、胡椒粉、精盐、味精、姜葱、豆粉、鸡油各适量。

制作方法：

1. 将胡萝卜等原料切削成各种形状，入沸水中焯一水；干贝加鲜汤、姜葱，上笼蒸熟。
2. 鸡油下锅，放入姜葱煸香，掺鲜汤，再加进胡萝卜等，调味，煮熟，勾芡，起锅装入盘中摆好即成。

操作要领：

胡萝卜等形状虽各异，但大小要均匀；烩制时要用文火；菜品中一定要放蒸熟的干贝及汤，滋味才会鲜美。

冻豆腐烧甲鱼

主料：
豆腐、甲鱼、青笋、胡萝卜。

调料：
● 精盐、胡椒粉、味精、鸡精、鲜野生菌、鸡油、姜、葱、料酒各适量。

制作方法：

1.豆腐切成方块，入冰箱冻呈蜂窝状；甲鱼宰杀，入沸水中氽 3 分钟后，用刀刮去粗皮，从裙边处取开壳，掏尽内脏，冲洗干净；青笋、胡萝卜用刀修成圆形，入锅煮断生。

2.锅放火上，入鸡油烧至四成油温，下姜、葱炒香，掺鲜汤，加进豆腐、野生菌、甲鱼、精盐、胡椒粉、料酒一同烧至甲鱼熟糯。

3.将野生菌装入甲鱼腹内，豆腐围在甲鱼边上，用圆形的青笋、胡萝卜围盘一圈即可。

凉粉烧仔鲨

主料：
仔鲨鱼、黄凉粉。

调料：
● 精盐、味精、白糖、酱油、醋、料酒、姜蒜米、豆瓣、辣椒粉、水豆粉、鲜汤、胡椒粉各适量。

制作方法：

1.将仔鲨鱼放入加有醋、料酒的沸水中烫一下，捞出洗净，斩成头、尾、中段三段，将中段去皮的改刀成厚片；黄凉粉切成桃子形，入锅焯一水。

2.锅内下油烧四成热，放入豆瓣、姜蒜米、辣椒粉炒至油红出香，加鲜汤、精盐、酱油、白糖、胡椒粉熬出味，去料渣，再放进鱼头、尾、肉片及黄凉粉同烧，待原料熟且入味后，铲出装盘。锅内汁勾芡，调入味精、鸡精推匀，待亮油时，淋于盘内即成。

生爆甲鱼

主料：
甲鱼、香菇（鲜）。

调料：
● 香菜、土豆、青红海椒、猪油（炼制）、料酒、味精、盐、酱油、醋、大葱、姜、大蒜、香油、淀粉各适量。

操作要领：
因有过油炸制过程,需准备熟猪油约1000克。

营养特点
甲鱼含有丰富的优质蛋白质、氨基酸、矿物质、微量元素以及维生素 A、B$_1$、B$_2$ 等。

厨房小知识
甲鱼与苋菜：苋菜味甘，性冷利，令人冷中损腹，而甲鱼亦性冷，二者同食难以消化，可能会形成肠胃积滞。

制作方法：
1. 水发香菇去蒂洗净，大的一切两开，小的整个；蒜去皮，拍烂剁碎；葱切成花；姜切成末；香菜择洗干净。
2. 将甲鱼翻放在木案上，待头伸出时，用刀剁下（或用手抓住颈，用刀割断颈骨），随即将尾向上提，使血液流尽，用开水烫过后推去黄膜衣，再用开水烫能刮去软裙边的黑膜时，即放入凉水内，用刀刮洗干净，在底部中间直切一刀，放入冷水锅内在水煮一下（如用开水煮裙边易破裂影响质量），能去壳时即捞出，放冷水内，把硬壳剥下，去掉内脏，拆下裙边（裙边是甲鱼身上最好的东西），切成 4 厘米长的大块，再洗一次，用盘装上待用。
3. 用酱油、醋、盐、味精、湿淀粉、少许汤、香油、辣椒油、葱花兑成汁。
4. 锅内放入油烧至八成热时，下入甲鱼块爆一下，倒入漏勺沥油；锅内留油，下入姜末、土豆、青红海椒、蒜泥爆一下，随即倒入炸好的甲鱼块和兑好的汁，翻动几下，装入盘内即成。

面疙瘩鳝丝

主料：
鳝片、面粉、青红椒。

调料：
● a料：豆瓣酱、香辣酱、姜米、蒜米；
● 其他：盐、胡椒、料酒、味精、鲜汤、
水淀粉、葱丝、红椒丝、香菜、色拉油各
适量。

制作方法：
1.鳝片洗净切成粗丝；面粉入盆，加入
清水、盐揉匀制成面团；青红椒切条。
2.面团制成面疙瘩入沸水锅煮至断生
打起。
3.炒锅内油烧热，放入鳝丝、料酒煸炒
至水气干，投入a料炒香，掺入鲜汤，
下盐、胡椒、味精调好味，放入面疙瘩、
青红椒略烧，用水淀粉收浓芡汁，起锅
入碗，撒上葱丝、红椒丝、香菜即可。

操作要领：
也可将鳝丝入热油锅中炸干水汽再烧制。

营养特点
食用鳝鱼肉有补脑健身的功效。

厨房小知识
做鱼的时候，一定要视鱼的新鲜程度来选择烹调方法。新鲜的鱼用来清蒸或清炖，稍差
一点的鱼用来红烧，最次的来做糖醋鱼。在烹制不新鲜的鱼的时候，用细盐把鱼里外擦
一遍，1小时后再煎炸烹调，成菜的味道会更鲜美些。

三峡石爆鳝鱼

主料：

鲜鳝鱼、青红椒节。

调料：

● 干辣椒节、干花椒、姜蒜米、精盐、鸡精、味精、白糖、胡椒粉、醋、老抽、水豆粉、老油、三峡石、啤酒各适量。

制作方法：

1. 鳝鱼洗净，切成4厘米长的片，下油锅捞出备用。
2. 锅放老油烧热，加入干辣椒节、花椒、姜蒜米、青红椒炒香，再下入鳝片翻炒，加入啤酒和诸调料，盛于碗中。
3. 三峡石入油锅爆烫，盛于盘中，再将炒好的鳝片倒在石头上即可。

操作要领：

啤酒要适量，不宜淹没鳝片；三峡石一定要爆烫。

串串青鳝

主料：

青鳝。

调料：

● 豆粉、精炼油、辣椒粉、花椒粉、精盐、味精各适量。

制作方法：

1. 青鳝剖杀洗净，片成4厘米大小的片，用盐、味精和豆粉码味，每3片用牙签穿成串。
2. 锅内放入精炼油烧热，下青鳝片串炸至外酥内嫩时捞出，滗去余油，再放入青鳝、辣椒粉、花椒粉炒匀，起锅装盘即可。

操作要领：

炸青鳝串用五成热油温；麻辣味应根据口味调制。

营养特点

青鳝味甘性平，含蛋白质、脂肪、尼克酸、维生素、钙、磷等，具有补虚羸、祛风湿等作用。

椒香银鳕鱼

主料：

银鳕鱼、香辣酥、青红尖椒。

调料：

● a 料：盐、胡椒、料酒、姜葱汁；
● b 料：吉士粉、面粉、干细淀粉、泡打粉、盐、蛋清、色拉油、清水；
● 其他：盐、味精、香油、色拉油各适量。

制作方法：

1. 银鳕鱼切成大丁，加入 a 料拌匀码味 15 分钟；青红尖椒切短节。
2. b 料入碗调匀成脆浆糊。将银鳕鱼丁逐一裹上脆浆糊，入五成热的油锅中炸至表皮色泽金黄酥脆。
3. 锅内留油适量，下入青红尖椒、香辣酥炒匀，再放入炸好的银鳕鱼丁，烹入盐、味精、香油炒匀起锅装入盘中。

操作要领：

若银鳕鱼表面水分较重，可以在裹脆浆前，先粘裹上一层干细淀粉。

五柳香鳕鱼

主料：

银鳕鱼、洋葱、青椒、红椒。

调料：

● a 料：盐、胡椒、料酒、姜葱汁；
● b 料：吉士粉、面粉、干细淀粉、泡打粉、盐、蛋清、色拉油、清水；
● 其他：盐、味精、香油、番茄酱、白糖、红醋色拉油。

制作方法：

银鳕鱼 a 料腌渍，拌 b 料，炸；青椒红椒、洋葱切圈过油，垫于银鳕鱼下面；放油，倒入番茄酱炒，加入清水，调味勾芡，装盘后加入热油汁淋上。

操作要领：

腌渍时底味一定要够；勾芡后要加入少许热油。

营养特点

鳕鱼具有高营养、低胆固醇、易于被人体吸收等优点。

烤鱼

主料:

草鱼。

调料:

- a料: 盐、胡椒、姜片、葱节、料酒;
- b料: 盐、酱油、白糖、醋、味精、鲜汤、水淀粉;
- c料: 泡辣椒、豆瓣酱、姜米、蒜米;葱花、色拉油各适量。

制作方法:

1. 草鱼宰杀洗净,从背部剖开,在肉厚处剞上交叉十字花刀入盆,加a料拌匀,腌渍2小时; b料入碗调匀成滋汁。

2. 烤箱烧至220℃,放入鳗鱼,刷上色拉油烤熟取出装入盘内。

3. 色拉油入锅烧热,投入c料炒至油红味香,倒入调匀的滋汁,待收汁亮油后,起锅淋于草鱼上,撒上葱花即成。

操作要领:

该菜为鱼香味,还可制作成藿香味、豉汁味、麻辣味等。

扣肉烧雅鱼

主料:

雅鱼、扣肉。

调料:

- 精盐、味精、老抽、白糖、鸡蛋、豆粉、鲜汤、精炼油各适量。

制作方法:

1. 雅鱼宰杀后洗净,切条码味,上全蛋豆粉,过油备用。

2. 锅内烧鲜汤,放入扣肉和鱼肉烧入味,捞入盘中,扣肉尽量放整齐,淋汁即可。

操作要领:

扣肉下锅时尽可能保持原形,以便装盘美观。

营养特点

雅鱼是一种营养丰富、味道极鲜美的稀有淡水鱼类,扣肉则含丰富的脂肪。

厨房小知识

做鱼时,放入几块橘子皮,既可除腥味,又可使鱼的味道鲜美。

活烧花鲢

主料：
花鲢、酸菜。

调料：
● 生鲜椒、野山椒、葱白、香菜、精盐、味精等各适量。

制作方法：
1．将鲢鱼洗净；生鲜椒、野山椒、酸菜切细；葱白切段拍破。
2．锅置火上，炒佐料至香味出时，将鱼放入锅内稍烧，起锅前撒入葱白；装盘时勾入汁水，撒上葱花即成。

操作要领：
花鲢一定要选鲜活的；烧鱼的时间不宜过长，以防鱼肉不嫩。

营养特点

鲢鱼味甘、性温、无毒，可温中益气。

土法烧大鲫鱼

主料：
大鲫鱼、香菇、卤牛肉粒。

调料：
● 牛肉酱、辣妹子香辣酱、海鲜酱、味精、盐、味精、鸡精、白糖、胡椒粉、高汤各适量。

制作方法：
1.鲫鱼剖杀，加入盐码味。香菇去蒂洗净，切成粒。
2.锅中加油烧热，下入鲫鱼炸一下。
3.锅中放入猪油烧热，下卤牛肉粒、香菇粒，加入牛肉酱、辣妹子香辣酱、海鲜酱炒香，加入高汤烧沸，再放入鱼、味精、盐、味精、鸡精、白糖、胡椒粉烧熟入味即可。

操作要领：
炸鲫鱼时，油温以六成热为宜；炒鱼料时火力不要太大。

特色茄汁鱼卷

主料：

无刺草鱼片、去皮五花肉、荸荠、冬菇。

调料：

● 花生油、西红柿酱、料酒、精盐、醋、胡椒粉、姜、葱、蒜、红椒、蛋清、豆粉、鲜汤、白糖各适量。

操作要领：

选用草鱼肉要新鲜，烹调时火候时不能太大，以免鱼肉发散难以成形。

营养特点

草鱼含有丰富的不饱和脂肪酸，有利于血液循环，且对于身体瘦弱、食欲不振者来说，草鱼肉嫩而不腻，开胃且滋补。

厨房小知识

把鱼块放在盐水里浸泡 10 ～ 15 分钟，然后用油炸，鱼块不易碎。

制作方法：

1. 鱼片洗净，揩干水分，加盐、料酒、胡椒粉、姜、蒜入味；猪肉、荸荠、冬菇分别剁碎入碗，加精盐、胡椒粉、料酒、蛋清、豆粉搅拌均匀成馅。

2. 将调好味的鱼片铺于案上，裹上适量的馅，卷成大小一致的卷，然后抹上一层蛋清糊，并一一放入干豆粉内粘满干豆粉。

3. 炒锅置火上，下油烧热，先用温油炸至定型捞出，待油温升高，再放入鱼卷炸至呈金黄色捞起，沥干油；将剩余豆粉加水调匀成水豆粉。

4. 另起锅放净油烧热，下入西红柿酱炒至出油呈红色时，下葱、蒜炒出香味，加鲜汤、精盐、胡椒粉、料酒、白糖和少许醋调味，待出香味，用水豆粉勾成浓汁，下入鱼卷挂汁均匀，起锅即成。

七鲜烩海参

主料：
海参（已发好）、虾仁、肥膘肉、金华火腿、鸡胸脯肉、青豆、口蘑、猪里脊肉。

调料：
● 精盐、黄酒、酱油各适量。

制作方法：
1.先将海参洗净切成丁，肥膘肉、火腿、鸡脯煮熟后均切成丁；里脊肉剁成肉末备用。
2.锅内注入清汤，加热，将沸时投入肉末，稍煮片刻即捞出，加入适量精盐、料酒和酱油。
3.再将汤煮沸，撇去浮沫，投入海参、虾仁、鸡脯、肥膘肉、火腿、青豆、口蘑，煮沸即成。

操作要领：

热泡法：先用热水将海参泡 24 小时（可直接随冷水装入锅内煮开，再加盖闷泡 4 ～ 5 小时），再从腹下开口取出内脏，然后换上新水，上火煮 50 分钟左右，用原汤泡，过 24 小时后即可。

营养特点

此菜能补肾益精、养血润燥，可用作为肾精亏损、阴血不足、阳痿、遗精、小便频数、大便燥结等症状的食疗。

厨房小知识

把海参浸入清水内，大概 3 天就泡好了，取出后除去肠杂、腹膜，再换清水浸泡，等泡软后就可以做菜了。

XO酱爆鱼唇

主料：

水发鱼唇、红椒、西芹。

调料：

● a料：XO酱、姜片、蒜茸、葱节；
● b料：盐、胡椒粉、料酒、白糖、味精、香油、鲜汤、水淀粉；
● 色拉油适量。

制作方法：

1. 水发鱼唇切成菱形块，沥尽水；西芹、红椒分别切成菱形块；b料入碗兑成味汁。
2. 锅内烧清水至沸，下入鱼唇焯一水，打起。
3. 净锅内烧油至五成热，下入a料炒香，投入鱼唇、西芹、红椒炒匀，最后烹入兑好的味汁炒匀装入盘中即可。

操作要领：

鱼唇在水中浸泡时间不可过长，以免久泡质地软烂。

XO酱爆螺片

主料：

干螺片、青红椒、菜胆、洋葱。

调料：

● XO酱、精盐、味精各适量。

制作方法：

1. 干螺片发制好后切成片；青红椒、洋葱切成块，菜胆焯水装盘。
2. 锅中加入精炼油烧热，下入螺片、青红椒、洋葱，用旺火爆炒至熟，调入XO酱、精盐、味精炒匀，起锅装入盛有菜胆的盘中即成。

操作要领：

螺片的发制及入锅中翻炒，过短则未熟，过长则老绵。

营养特点

螺片含有较多的蛋白质及氨基酸、碳水化合物，儿童、老年人常食有一定补充体内缺钙的作用，能增强人体的免疫功能。

干烧海参

主料:

水发海参 1 只、红椒节、芦笋、猪瘦肉。

调料:

● 姜片、葱节、葱花、料酒、精盐、胡椒粉、美极鲜酱油、味精、鲜汤、香油、精炼油各适量。

制作方法:

1. 海参洗净,余水,用加有姜、料酒的鲜汤煨一下捞出;猪瘦肉洗净,切成粒;芦笋洗净,对剖。
2. 锅中下入精炼油烧热,放肉粒炒酥,掺鲜汤,加进海参、芦笋、姜片、葱节、盐、胡椒粉、酱油烧至汤快干时,拣去姜片、葱节,再加入红椒节、葱花、味精、香油炒匀,起锅装盘即成。

操作要领:

海参入锅烧制前,一定要用高汤煨制,以增香去异味;烧制宜用中火慢烧。

三鲜烧海马

主料:

海马、虾仁、鸡肉、海参、上海青。

调料:

● 生姜、花生油、盐、味精、胡椒粉、绍酒、湿生粉、熟鸡油、蚝油各适量。

制作方法:

1. 海马洗净,虾仁洗净抹干水,鸡肉切片,海参切片,生姜去皮切片,上海青洗净去老叶。
2. 锅内加水,待水开时加入绍酒、蚝油、海参片,用中火煨透,倒出待用,上海青烫熟摆入碟边。
3. 另烧锅下油,放入姜片、虾仁、鸡肉片炒香,加入海参片、海马,注入清汤,调入盐、味精、胡椒粉,烧至入味,然后用湿生粉勾芡,淋入熟鸡油,倒在上海青上即成。

丁香鲳鱼

主料：

鲳鱼、香菇丁。

调料：

● 姜片、蒜片、葱丁、水豆豉、豆瓣、精盐、味精、鸡精、泡椒、料酒、白糖、香豆、高汤、精炼油各适量。

制作方法：

1. 鲳鱼刮鳞、抠鳃、剖腹、去内脏洗净，用精盐、料酒、姜、葱码味；香菇、泡椒切成丁待用。

2. 炒锅入精炼油，烧至七成热下鱼炸成金黄色捞出。锅留少许底油，下豆瓣、葱、姜、蒜、泡椒、水豆豉炒香，加入料酒、高汤，放入炸好的全鱼，依次加入味精、精盐、白糖、鸡精，收汁油亮时起锅装盘，撒上香豆即可。

操作要领：

配料要炒香，鲳鱼炸酥嫩，才能确保菜品质量。

椒香东星斑

主料：

东星斑、青红椒、野山椒。

调料：

● 水豆粉、猪网油、精盐、味精、料酒、鲜汤各适量。

制作方法：

1. 将东星斑宰杀洗净，码味，蒸熟；青、红椒切成颗粒，野山椒剁碎。

2. 炒锅内放少许油，下青红椒、野山椒炒香，加鲜汤调味，勾芡后浇在鱼上即可。

操作要领：

蒸鱼时一定要掌握好火候；芡汁浓度要适中。

营养特点

此鱼含无机盐、碘、维生素等，脂肪含量在 5% 以下，且结构为不饱和脂肪酸，因而对人体心血管病有一定的防治功效。

生煎鱼头煲

主料：
鱼头、洋葱块。

调料：
● 姜片、葱节、葱丝、生抽、味精、鸡精、精盐、鲜汤、香油、精炼油各适量。

制作方法：
1. 鱼头洗净斩块，加入生抽码入味，下热精炼油中炸至金黄色且酥脆时捞出。
2. 煲中下入精炼油烧热，入洋葱块、葱节、姜片炒出香，掺入鲜汤，调入味精、鸡精、精盐，再倒入炸熟的鱼头，以小火煲 2~3 分钟，撒上葱丝，滴入少许香油，盖上盖即可。

操作要领：
鱼头块要斩得大小均匀；煲制时间要掌握好。

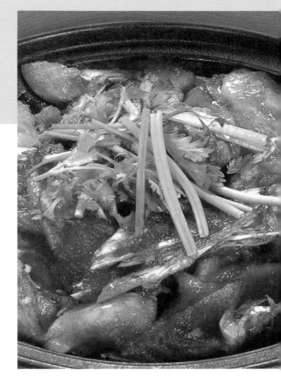

炝锅泥鳅片

主料：
泥鳅片、魔芋、冬笋、香菇。

调料：
● 郫县豆瓣、姜米、蒜米、鲜汤、干红椒、葱节、料酒、精盐、白糖、醋、味精、水豆粉、精炼油各适量。

制作方法：
1. 将泥鳅片洗净，用少许盐、料酒码味约 10 分钟；魔芋、冬菇、香菇改片入沸水锅中余一水捞起待用。
2. 炒锅置旺火上，放油烧至六成热时，下泥鳅片，拉紧皮捞起。
3. 锅中留油，下干红椒入锅炝至呈棕红色捞起，制成刀口辣椒。待锅中油温至五成热时，再下豆瓣、姜米、蒜米炒出香出色时，掺入鲜汤，烧沸后打去渣，下泥鳅片、魔芋、冬笋、香菇片，调入料酒、盐、味精、白糖、醋，改用小火煨入味，勾入水豆粉，用中火收汁亮油，起锅装盘，撒上刀口辣椒。
4. 另锅置火上，下油 30 毫升，烧至七成热，淋于辣椒上即成。

虾仁豆腐

主料:

老豆腐、虾仁、黄瓜。

调料:

● 精盐、味精、豆瓣、淀粉、精炼油各适量。

制作方法:

1. 将豆腐切成 3 厘米见方的块, 放入热油锅中炸成金黄色捞起; 黄瓜切片。
2. 锅内留底油, 放入豆瓣炒出香味, 掺入适量水, 调进精盐、味精烧沸, 放进炸过的豆腐块, 烧透后, 用淀粉勾芡, 起锅装盘。
3. 虾仁用沸水焯熟, 撒在烧好的豆腐上, 再用黄瓜点缀于盘边即可。

操作要领:

豆腐入油锅炸时不宜炸得过老。

营养特点

虾含蛋白质、脂肪、糖、钙、磷、铁、维生素 A 等, 有增强抵抗力、补肾壮阳之效。

海参豆腐

主料:

嫩豆腐、水发海参、熟火腿片、水发香菇、冬笋、鸡蛋。

调料:

● 牛奶、化猪油、精盐、味精、料酒、淀粉、鲜汤、葱姜各适量。

制作方法:

1. 豆腐搅碎, 放入精盐、味精、蛋清、牛奶和匀, 上笼蒸约 20 分钟; 海参洗净, 切片, 入沸水中汆一水; 香菇、冬笋均切片; 葱姜取汁。
2. 锅下化猪油烧热, 掺入鲜汤, 下海参、精盐、味精、料酒、葱姜汁焖烧入味, 再倒入冬笋、香菇、火腿片烧几分钟, 用淀粉勾芡, 起锅装入盘中, 用勺将蒸好的豆腐舀在海参周围即成。

操作要领:

蒸豆腐时宜用大火, 时间要够; 海参涨发要彻底, 焖烧要入味。

松茸烧脆鳝

主料：

松茸、活鳝鱼、独蒜。

调料：

● 青红小米辣椒节、香菜、香水鱼火锅底料（袋装）、豆瓣、精盐、酱油、白糖、料酒、青花椒、鸡汁、鲜汤、水豆粉、香油、花椒油、精炼油、姜、蒜各适量。

制作方法：

1. 松茸、青红小米椒改刀成节，活鳝鱼去尾改刀成菊花状，用牙签挑出鳝鱼的内脏，入沸水汆制待用。

2. 锅置火上，放入精炼油、下豆瓣、火锅底料、姜、葱、料酒炒至油红出香味后，倒入独大蒜、松茸、小米辣节、菊花鳝、青花椒略炒，掺入鲜汤，放入酱油、白糖、鸡汁烧入味至熟，放花椒油、香油勾上水豆粉，亮汁、亮油，起锅装盘拼摆成形，撒上香菜即成。

甲鱼竹荪蛋

主料：

甲鱼、竹荪蛋、大尖椒、独大蒜、仔鸡块。

调料：

● 精盐、料酒、胡椒粉、味精、香油、花椒油、郫县豆瓣、干辣椒节、花椒粒、水豆粉、熟菜油、姜片、葱段各适量。

制作方法：

1. 将甲鱼初加工洗净剁块，仔云鸡块、竹荪蛋据上花刀，保持原状，分别汆水待用，大尖椒改刀成寸节待用。

2. 炒锅下熟菜油、郫县豆瓣、干辣椒节、花椒粒、姜片、葱段炒香，掺鲜汤，熬出香味，去渣，下甲鱼、仔鸡块、竹荪蛋、独大蒜，调入精盐、料酒、胡椒粉，烧30分钟，再下尖椒煮熟，用水豆粉勾芡，再调入味精、花椒油、香油起锅装盘、摆成形即成。

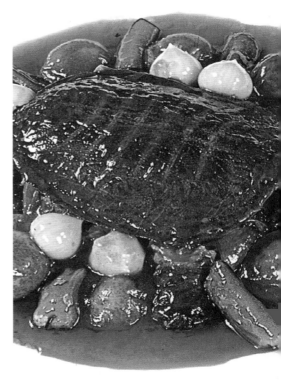

麻婆澳带

主料：

澳带、豆腐、青蒜苗、牛肉臊子。

调料：

● 豆瓣、豆豉、姜、蒜米、辣椒粉、胡椒粉各适量。

制作方法：

1. 豆腐打成小块，加精盐用沸水汆水，放在抄瓢中待用。

2. 澳带解冻，挤干水分，用蛋清豆粉码味上浆，用温油滑散，放在抄瓢中待用。

3. 将豆瓣、豆豉、姜、蒜米加臊子用小火炒香，加辣椒粉炒香上色后盛入鲜汤，放入汆好的豆腐和澳带，加胡椒粉，烧入味勾芡放青蒜苗节，加牛肉臊子推匀起锅装盘即成。

操作要领：

豆腐要汆去豆腐腥味；澳带滑油掌握好时间。

营养特点

澳带有下气调中、滋阴补肾的功效，能治肾虚腰痛、梦中遗泄。豆腐能生津润燥，清热解毒，益气和中。

窝头臊肉辽参

主料：

水发辽参、玉米窝窝头、水发香菇、青红尖椒。

调料：

● 姜、葱、料酒、甜面酱、盐、白糖、味精、鸡精、鲜汤、水淀粉、色拉油各适量。

制作方法：

1. 水发辽参、水发香菇分别切成丁，入加有姜、葱、料酒的汤锅焯一水；青红尖椒切成短节。

2. 盐、味精、鸡精、鲜汤、水淀粉入碗调匀成味汁。

3. 炒锅上火，烧油至五成热，下入辽参、水发香菇、青红尖椒、甜面酱炒匀，烹入调好的味汁簸匀起锅。玉米窝窝头入笼蒸熟，取出将炒好的辽参装于其中即可。

Part 5

麻辣鲜香　百菜百味

招牌川味创新菜之

热菜·素菜篇

全营养蔬菜烘蛋

主料:

鸡蛋、卷心菜丝、金针菇、香菇丝、红甜椒丝、胡萝卜丝、水发黄花菜。

调料:

● 精盐、植物油各适量。

制作方法:

1. 将胡萝卜丝、黄花菜用沸水焯透,沥干;金针菇、香菇丝、红甜椒丝汆水后沥干。
2. 将鸡蛋打入碗中,完全搅散打发,放入全部蔬菜和精盐,再拌匀。
3. 平底锅中下油烧热,倒入调好的蔬菜鸡蛋,用中火煎至两面金黄即可。

操作要领:

如果是给1岁半前的宝宝吃,应把全部蔬菜切碎再和蛋拌匀烹调,以利于咀嚼和营养吸收。

营养特点

鸡蛋是幼儿成长发育中不可缺少的食物,有增进骨骼发育、健脑补脑、提高记忆力、预防贫血和消除疲劳等多种好处,其搭配多种类蔬菜,可使维生素、矿物质的含量更加全面、丰富,特别是对1~2岁幼儿的生长发育有良好的促进作用。

厨房小知识

如果鸡蛋煮的时间过久,就会有难闻的硫的气味。另外要注意的是,把鸡蛋从锅里拿出来后要立即用凉水冷却,否则残余的温度会让蛋继续加热而变老。

火腿烘蛋

主料：

鸡蛋、火腿。

调料：

● 熟猪油、香油、葱、精盐、味精各适量。

制作方法：

1. 火腿切末；葱切花，鸡蛋磕破，蛋清、蛋黄分别用碗装上，蛋清用筷子打成糊，再加入蛋黄、火腿末和葱花、精盐、味精，搅拌均匀。

2. 锅内放入猪油烧至六成熟，鸡蛋倒入锅内，加盖烘约5分钟，揭开盖，翻扣于盘中即可。

操作要领：

烘制时，要用小火。

营养特点

鸡蛋含丰富的优质蛋白，每百克鸡蛋含12.7克蛋白质，两只鸡蛋所含的蛋白质大致相当于3两鱼或瘦肉的蛋白质。鸡蛋蛋白质的消化率在牛奶、猪肉、牛肉和大米中也是最高。

厨房小知识

沸腾的水会让鸡蛋在锅里四下翻滚，很容易把蛋壳撞碎，甚至蛋白都露出来。其次，鸡蛋中的蛋白质凝固变性，并不需要很高的温度，通常60℃ 87℃就可以，而沸水的温度能达到100℃。如果用沸水煮，蛋白可能就老得跟橡皮一样。所以煮蛋的时候，应该开盖，让水微微冒泡，而不是沸腾。

夹心鸭蛋

主料：
鸭蛋、生菜、猪肉末。

调料：
● 精盐、淀粉、鸡精、植物油、葱姜末各适量。

制作方法：
1. 把鸭蛋煮熟，去皮，竖切两半，取出蛋黄；猪肉末内放精盐、鸡精、淀粉、葱姜末、油和少许水搅匀成馅。
2. 将调好的肉馅分别填入鸭蛋心中，合成整蛋，装盘，入蒸笼蒸至馅熟，出锅装盘。
3. 以鸭蛋黄和焯过水的生菜围边，供搭配食用。

操作要领：
蒸制时要用大火蒸熟，时间约为 20 分钟。

营养特点

食材搭配巧妙，很适宜儿童正餐食用。学龄前儿童饮食应注意各种营养物质的供给和合理搭配，多提供富含蛋白质、矿物质和维生素的食物。

厨房小知识

在打鸡蛋时把清水和鸡蛋加到一起，打匀，放入锅中小火慢炒，鸡蛋口感会特别嫩滑，并且不容易糊锅。

蛋黄豆花

主料:
内酯豆腐、咸蛋黄、火腿、青豆、胡萝卜、水发香菇。

调料:
● 盐、味精、鸡精、白糖、鲜汤、水淀粉、鸡油、色拉油各适量。

制作方法:
1. 内酯豆腐切颗粒,装入盆中,加入鲜汤、盐上笼蒸热;咸蛋黄上笼蒸熟,取出制成细茸;火腿、胡萝卜、水发香菇分别切颗粒;青豆用沸水煮熟,去掉表皮。
2. 净锅内烧清水至沸,放入火腿、胡萝卜、水发香菇余一水至断生,打起沥净水,备用。
3. 炒锅上火,烧油至四成热,咸蛋黄茸下锅炒香,掺入鲜汤,放入加工好的上述原料,加盐、白糖调好味,再用水淀粉勾芡,起锅前下味精、鸡精和鸡油推匀,装入汤碗中即可。

操作要领:
咸蛋黄用量要足,否则体现不出蛋黄味,成菜色泽也淡。

营养特点
蛋黄中含有大量的磷和不少的铁。

厨房小知识
做豆腐前,如果用盐水焯一下,再做菜就不容易碎了。特别是南豆腐软嫩细滑有弹性,水分含量也比较大,烹饪前先将锅中的水煮开,放一小勺盐,把豆腐切块焯一下,才能保持完整。

苦瓜煎蛋

主料：
苦瓜、鸡蛋。

调料：
● 盐、水淀粉、色拉油各适量。

制作方法：
1.苦瓜切成粒，入沸水锅焯一水至断生，打起沥尽水。
2.鸡蛋去壳，将蛋液装入碗中，加入苦瓜粒，放入盐、水淀粉打匀。
3.平底锅上火，烧油至五成热，倒入搅打好的蛋液，慢煎至定形。待底面煎黄后，翻面煎熟，起锅切成块，装入盘中即可。

操作要领：
煎制时要控制好火候和油温，以免将蛋煎煳。

营养特点
苦瓜含蛋白质、碳水化合物、镁、钙及多种氨基酸。

水蛋蒸块菌

主料：
中国块菌、鸡蛋。

调料：
● 精盐、料酒、味精、胡椒粉、化鸡油、葱花、鲜汤各适量。

制作方法：
1.中国块菌洗净去皮后剁细。
2.鸡蛋磕入碗中加鲜汤、精盐、料酒、胡椒粉、味精、化鸡油、块菌拌匀，上笼蒸熟取出，撒上葱花即可。

操作要领：
用小火蒸蛋。

营养特点
鸡蛋脂肪主要集中在蛋黄里，极易被人体消化吸收，蛋黄中含有丰富的卵磷脂、固醇类、蛋黄素以及钙、磷、铁、维生素A、维生素D及B族维生素。

糖醋炸皮蛋

主料:
松花皮蛋、洋葱、青红椒。

调料:
● 花生油、盐、白糖、白醋、番茄酱、湿生粉、干生粉各适量。

制作方法:
1. 松花皮蛋去壳切成瓣,拍上干生粉,洋葱去外层切片,青、红椒切菱形片。
2. 烧锅下油,待油烫时,逐瓣下入皮蛋,炸至硬身,捞起待用。
3. 热锅注油,放洋葱和青、红椒片稍炒,注入清水少许,放盐、白糖、白醋、番茄酱,下皮蛋烧透,用湿生粉勾芡即成。

操作要领:
此菜不能放味精,否则菜味难食,皮蛋不能炸得太焦。

营养特点
此菜含多种维生素,含钙量高,对儿童因缺钙引起的精神不振、腰酸软等症有较好疗效。

蚕豆花煎鹅蛋

主料:
鹅蛋、蚕豆花、酥碎花生米。

调料:
● 精炼油、精盐、味精各适量。

制作方法:
1. 鹅蛋磕破入碗,加精盐、味精和洗净的蚕豆花搅匀。
2. 锅中放精炼油烧热,下调好的鹅蛋液煎至两面色呈金黄时铲起装盘,撒上酥碎花生米即成。

操作要领:
煎蛋的油温不宜过高。

营养特点
蚕豆花有治咯血、白带增多和降血压的作用,鹅蛋含蛋白质极为丰富,二者合烹,食疗效果更好。

松子鹌鹑蛋

主料:

松仁、鹌鹑蛋、西兰花、鲜木耳。

调料:

● 生姜、火腿、色拉油、盐、味精、白糖、熟鸡油各适量。

制作方法:

1. 鹌鹑蛋煮熟去壳,西兰花改成小颗,鲜木耳洗净切小片,生姜去皮切片,火腿切菱形小片。

2. 烧锅下油,放入姜片,注清汤烧开后放鹌鹑蛋、鲜木耳片、火腿片,用中火煮。

3. 然后投入西兰花、松仁,调入盐、味精、白糖,用中火煮透,淋入熟鸡油即可。

操作要领:

在煮鹌鹑蛋时水中要加盐,否则鹌鹑蛋易破。

营养特点

松仁含有大量植物脂肪,自古以来就作为滋身养体、回春不老的健康食品,常食能使人保持旺盛的活力。

鸳鸯鹌鹑蛋

主料:

鹌鹑蛋、水发黄花菜、水发木耳、火腿末、油菜、豌豆、豆腐。

调料:

● 香油、精盐、鸡精、料酒、湿淀粉、鲜汤各适量。

制作方法:

1. 将2个鹌鹑蛋的蛋清、蛋黄分开,其余鹌鹑蛋煮熟去壳;油菜剁成末。

2. 黄花菜、木耳、豆腐剁碎,入碗加精盐、鸡精、香油、少许料酒和蛋清拌成馅。

3. 将鹌鹑蛋竖着切开,挖去蛋黄,填入馅,再用生蛋黄抹一下,点上豌豆,撒上火腿末和油菜末,全部做好后上笼蒸10分钟装盘。

4. 炒锅上火,放入鲜汤,加入少许精盐、鸡精、料酒,汤沸时勾芡,出锅浇在蒸好的鹌鹑蛋上即成。

鲍汁山珍酿豆腐

主料：

日本豆腐、酱猪肉粒、鸡枞菌、西兰花。

调料：

● 鲜汤、精炼油、姜粒、葱花、精盐、味精、鲍汁各适量。

制作方法：

1.豆腐切成长条，放入精炼油中炸成金黄色，捞出后挖去中间部分；鸡菌洗净，切成片；西兰花掰成小朵，焯熟。

2.炒锅放入酱猪肉粒、姜粒等炒香，撒入葱花，炒匀成酱肉馅料。

3.将酱肉馅料酿入豆腐后装碗，再加进鸡菌、精盐、味精、鲜汤，上笼蒸20分钟取出，翻扣于盘中，围上西兰花，淋入鲍汁即可。

操作要领：

豆腐在炸制前应用白醋沸水泡几分钟。

青椒酿豆腐

主料：

嫩豆腐、青椒、虾胶、熟鸡肉粒、火腿粒、笋粒。

调料：

● 葱花、姜末、精盐、味精、白糖、胡椒粉、精炼油、豆粉、鸡汤各适量。

制作方法：

1.嫩豆腐压成泥，与虾胶、盐、味精、葱花、姜末、胡椒粉调拌均匀；熟鸡肉粒、火腿粒、笋粒一起放油、盐、味精、白糖炒成馅。

2.青椒剖开去籽，酿上炒好的馅，再在馅上酿上豆腐泥，撒上火腿粒，入笼蒸熟装盘。鸡汤加盐、味精调味，用豆粉勾芡淋在蒸好的青椒上即成。

操作要领：

青椒酿馅后恢复原形，以保持菜品美观，亦可将青椒敞开成花瓣形，蒸制时用旺火蒸约5分钟即可。

香菇酿豆腐

主料：
豆腐、鲜香菇、芹菜末、胡萝卜末、鸡蛋。

调料：
● 精盐、胡椒粉、白糖、香油、淀粉各适量。

制作方法：
1. 香菇去蒂、洗净，用精盐、胡椒粉腌渍一下；豆腐压成泥，加入精盐、胡椒粉、白糖、香油搅拌成豆腐泥。
2. 香菇上撒少许淀粉，将豆腐泥酿入香菇中，再撒上芹菜末和胡萝卜末，装盘上锅蒸熟。
3. 把蒸香菇蒸出的汁滗入锅中烧沸，用淀粉勾芡，再浇在香菇豆腐上即可。

操作要领：
香菇要选用个头大的；淀粉勾芡要薄。

营养特点
此菜有补肝肾、健脾胃、益智安神的作用，对骨骼、眼睛、大脑的健康有很好的益处。

厨房小知识
豆腐与菠菜一起食用会造成钙酸凝结，不宜搭配。

太极豆腐

主料：

嫩豆腐、鸡蛋、鱼肉茸、猪肉末、茄子皮、菠菜、青笋、心里美萝卜。

调料：

● 精盐、豆粉各适量。

制作方法：

1. 豆腐制泥加鱼肉茸、肉末、精盐、蛋清搅匀，制成豆腐糁，一部分做成圆子，入笼蒸熟；青笋、萝卜制成小球，煮熟；菠菜焯熟，鸡蛋煎熟，均切碎，即成菜松、蛋松。

2. 将剩余豆腐糁装入盘中，盖上菜松、蛋松，摆上青笋、萝卜球呈太极形，再围上豆腐圆子，点缀上茄子皮即成。

操作要领：

可以将厨用锡纸折叠几下，成长条片状，置于盛太极羹的容器内弯成 S 形，两边各倒入不同颜色的羹汤，再抽起锡条即成漂亮的太极图形。

营养特点

豆腐不含胆固醇，是高血压、高血脂、冠心病患者的药膳佳肴。

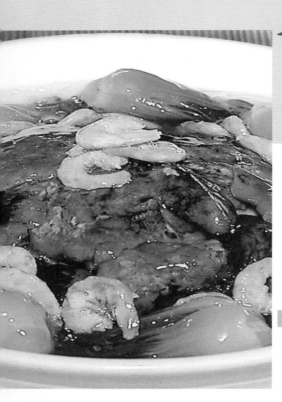

金钩扒松茸

主料：

松茸菌、金钩、菜胆。

调料：

● 葱油、鲜汤、精盐、味精、淀粉各适量。

制作方法：

1. 松茸菌涨发，洗净；菜胆洗净，焯熟。
2. 锅下葱油烧热，放金钩煸香，掺鲜汤，用精盐、味精调味，加进松茸菌，用文火煨入味，用淀粉勾芡，起锅盛入有菜胆围边的盘中即成。

操作要领：

金钩要用文火慢煸；勾芡宜薄。

营养特点

此菜营养丰富，有益肠胃、强身、止痛、驱虫之功效，对糖尿病也有一定食疗作用。

刷把松茸肾宝

主料：

松茸菌、鸡肾、胡萝卜、茄皮、圣女果、蒜苗叶、西兰花。

调料：

● 精盐、味精、鸡精、姜、葱各适量。

制作方法：

1. 松茸、茄皮、胡萝卜改刀成细丝，蒜苗叶撕成长丝，入沸水略烫捞出放于器皿内，用蒜苗丝把松茸、茄皮、胡萝卜丝的一端拴起来，成刷把形，用刀改齐待用，西兰花用小刀改成朵状，圣女果对剖开刀，入沸水中汆熟待用。
2. 鸡肾入沸水中汆至定形，对剖改成十字花刀，放入由香料、香精、精盐、姜、葱、料酒、鸡精、胡椒粉、鲜汤组成的白卤汁中，卤制5分钟，捞起待用。
3. 锅置火上，放入鸡油、下姜葱，炒香、掺入白卤汁放味精、胡椒粉调味烧沸，去姜葱，倒入刷把松茸、西兰花、圣女果、鸡肾烧制入味，勾上水豆粉起锅放入盘内拼摆成形即可。

桂花豆腐

主料:

嫩豆腐。

调料:

● 精盐、味精、白糖、胡椒粉、蒜末、豆粉、化猪油、高汤、鸡蛋各适量。

制作方法:

1. 炒锅放火上，下化猪油、蒜末爆香，掺入高汤，豆腐压成泥放锅内，加精盐、味精、白糖、胡椒粉调味，用豆粉勾芡。
2. 鸡蛋取蛋黄搅匀倒入豆腐锅内，亮油起锅即成。

操作要领:

化猪油烧五成热时下蒜末爆炒为宜。

营养特点

鸡蛋黄富含脂肪、卵磷脂、固醇类、蛋黄素等成分，对促进人体的神经功能大有益处，还有温胃、镇静、消炎等作用。

合欢豆腐

主料:

豆腐、菜胆。

调料:

● a料: 盐、白糖、酱油、醋、味精、鲜汤、水淀粉;
● b料: 泡辣椒茸、姜米、蒜米;
● 干细淀粉、蛋液、面包粉、葱花、色拉油各适量。

制作方法:

1. 豆腐切成块，粘上干细淀粉，再裹匀蛋液，贴上一层面包粉。
2. a料入碗调匀成味汁待用。炒锅上火，烧油至五成热，下入豆腐炸至色泽金黄，打起装入盘中。菜胆入沸水锅焯水至断生，打起围于豆腐中间。
3. 锅内下油烧热，投入b料炒香，烹入兑好的味汁，待收汁亮油后，起锅淋于豆腐上，最后撒上葱花即可。

响铃豆腐

主料：

老豆腐、抄手、黑木耳、玉兰片、葱白段。

调料：

● 郫县豆瓣、醋、精盐、味精、姜片、豆粉、鲜汤各适量。

制作方法：

1. 豆腐切成小方片，入热油锅溜起。锅留少许底油，下豆瓣、姜片煸炒出香，掺入鲜汤，加进豆腐、木耳、玉兰片、葱白段，调放精盐、醋、味精，用豆粉勾芡，起锅装入碗中。

2. 炒锅下油烧热，放入抄手炸成金黄色时捞出，装入一平盘，上桌后将豆腐等倒在抄手上即可。

操作要领：

炸抄手要用大火、热油；芡汁要薄。

四喜豆腐

主料：

嫩豆腐、火腿、熟鸡肉、冬菇、桃仁。

调料：

● 猪油、鸡油、鸡汤、蛋清、豆粉、牛奶、味精、精盐各适量。

制作方法：

1. 豆腐洗净，去皮，搅碎；火腿、冬菇、桃仁、熟鸡肉均切成末。

2. 搅碎的豆腐加入蛋清、盐、猪油、豆粉、味精、牛奶、鸡汤，打成豆腐糊。

3. 锅下油烧热，放入豆腐糊炒熟，倒进火腿末、冬菇末、鸡肉末、桃仁末炒匀，起锅装盘，淋上鸡油即成。

操作要领：

豆腐去掉表皮；炒豆腐糊要掌握好火力。

营养特点

该菜含蛋白质、脂肪、碳水化合物、粗纤维、维生素、铁、钙、锌、硒等，可通润血脉、补气养血、润燥化痰。

鸡汤豆花

主料：
熟鸡肉、豆花、青红尖椒。

调料：
● 鸡汤、盐、胡椒、味精、鸡精、鸡油、色拉油各适量。

制作方法：
1. 熟鸡肉撕成丝；青红尖椒切成圈。
2. 炒锅内烧油至五成热，下青红尖椒爆香，掺入鸡汤，调入盐、胡椒，放入豆花煮透，撒入鸡丝，放味精，淋鸡油，起锅装入盆中即可。

操作要领：
可配红油味蘸碟，上桌蘸食。

营养特点
豆花的钙含量多于豆浆，因此又被称为"健身豆腐"。

金钱豆腐

主料：
老豆腐、花生米、甜辣椒、猪肉末。

调料：
● 豆粉、精盐、味精、法香各适量。

制作方法：
1. 豆腐制成圆柱形，掏空，填入用猪肉末、豆粉、精盐、味精调好味的肉馅；甜辣椒刻成金钱形状。
2. 将"金钱"盖在豆腐块上，摆入盘中，围上花生米，入笼蒸熟取出，再以法香点缀即可。

操作要领：
掏圆柱豆腐时要小心，以免破碎；刻制的金钱形应与豆腐块大小一致。

营养特点
豆腐不含胆固醇，为高血压、高血脂、高胆固醇症及动脉硬化、冠心病患者的药膳佳肴。

鸿运豆腐

主料：
豆腐。

调料：
● 淀粉、鸡蛋、味精、盐、白砂糖、大葱、姜、料酒、植物油、番茄酱。

制作方法：
1.豆腐切片，葱洗净切段，豆腐入滚水中略滚后捞起，将面粉、鸡蛋放入碗中调匀，倒入豆腐里。
2.锅上火，放入花生油烧热，将浆匀的豆腐过油捞出。
3.锅内放底油，放入葱、姜末、番茄酱炒出香味，加入糖、盐、料酒、味精、汤，把豆腐放入用微火焖，勾芡汁，出勺前淋入少许明油即可。

操作要领：
豆腐炸制应控制好油温，防止表面受热过久变硬。

营养特点
豆腐营养丰富，含有铁、钙、磷、镁等人体必需的多种微量元素，还含有糖类、植物油和丰富的优质蛋白，素有"植物肉"之美称。

厨房小知识
豆腐富含植物蛋白，而且鲜嫩可口，适合日常食用。

八珍豆花

主料：

虾仁、红腰豆、胡萝卜、青笋、豆花。

调料：

● a料：盐、胡椒、姜葱汁、蛋清、干细淀粉；
● 南瓜汁、盐、味精、鸡精、鲜汤、水淀粉、色拉油各适量。

制作方法：

1.虾仁入碗，加入 a 料拌匀，腌渍 20 分钟。胡萝卜、青笋分别切菱形块，然后同红腰豆入沸水锅焯一水至断生打起。
2.锅内烧清水至沸，下入虾仁焯一水，打起。
3.南瓜汁入锅，加入鲜汤，放入豆花及虾仁、红腰豆、胡萝卜、青笋烧沸，调入盐、味精、鸡精，最后用水淀粉收汁，淋入明油，装入盆中即可。

操作要领：

南瓜汁是直接将南瓜打成的汁，色泽美观。

营养特点

豆花为补益清热养生之品，可补中益气、清热润燥、生津止渴、清洁肠胃。

厨房小知识

和面时，在一斤面中加入一个鸡蛋，可使面皮不粘连。

松茸饼

主料：

松茸、猪肉、马蹄。

调料：

● 精盐、味精、胡椒粉、鸡蛋、姜末、精炼油、豆粉各适量。

制作方法：

1. 将松茸、猪肉、马蹄剁蓉，搅拌上劲，放入姜末、豆粉拌匀制成饼。
2. 饼上笼蒸熟，沾上鸡蛋清待用。
3. 平锅置火上，放入精炼油烧到四成熟，放入粘有鸡蛋液的饼煎成金黄色，摆在竹篱笆上即成。

操作要领：

蒸肉饼时火力要大，一次蒸成。

营养特点

松茸中的"松茸多糖"，其主要成分是菌多糖和蛋白质糖，可刺激体内抗体的形成，从而调整和提高机体免疫力功能。

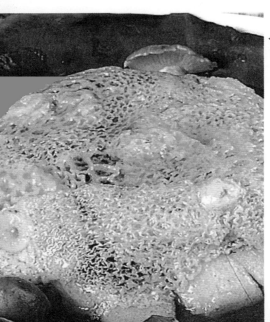

一品竹荪上素

主料：

竹荪、鲜鸡菌、榆耳、莲子、竹燕。

调料：

● 荷叶、水豆粉、素上汤各适量。

制作方法：

1. 上述原料氽水，发透待用。
2. 荷叶洗净垫盘底，依次放上莲子、榆耳、鲜鸡菌、竹燕、竹荪，加素上汤，上笼扣制入味，用原汁勾薄芡即成。

操作要领：

各原料火候要求一致，以免影响口感。

营养特点

鸡菌含蛋白质、脂肪、碳水化合物、矿物质以及维生素 B_1、维生素 B_2、维生素 C、维生素 D 等成分，有降血脂和胆固醇的作用，还可防动脉硬化等症。

鲜椒竹花

主料：
鲜竹荪、青红椒。

调料：
● 姜片、葱段、精盐、味精、胡椒粉、料酒、香油、精炼油、水豆粉各适量。

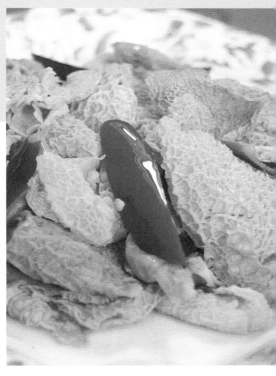

制作方法：
1.鲜竹荪去头洗净，放入加有料酒的沸水中汆水；青红椒切成片。
2.锅中放入少许精炼油烧热，下姜片、葱段炒香，再加入青红椒片，倒入汆好的竹荪，调入精盐、味精急炒一下，用水豆粉勾芡，起锅淋香油即可。

操作要领：
竹荪汆水时间不要太久；炒制火力要大，

营养特点
竹荪洁白如雪，鲜甜脆嫩，清香爽口，味道美极了。不仅可以单独做菜，还可与各荤菜或素菜搭配食用。

椒盐金针菇

主料：
金针菇、粉丝、红椒圈。

调料：
● 精盐、味精、豆粉、花椒粉、精炼油各适量。

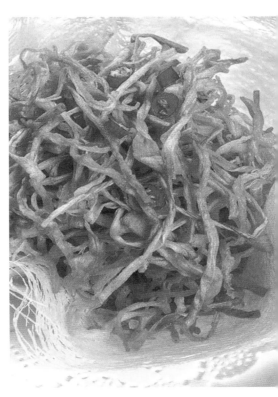

制作方法：
1.粉丝用温水泡软，入热精炼油中炸成盏。
2.金针菇洗净，加入精盐、豆粉拌匀，下入六成热的精炼油中炸成金黄色捞出。
3.锅中留油少许，放入红椒圈炒香，加入炸好的金针菇，调入精盐、味精、花椒粉炒匀，淋入少许香油颠匀，起锅装入粉丝盏中即可。

操作要领：
炸金针菇时要掌握好油温，切忌炸煳。

营养特点
食用金针菇具有抵抗疲劳、抗菌消炎、清除重金属盐类物质、抗肿瘤的作用。

水煮乳牛肝

主料：

乳牛肝菌、芹菜、蒜苗、凤尾。

调料：

● 豆瓣、姜米、蒜米、小葱、刀口辣椒、花椒粉、水豆粉、鲜汤、酱油、白糖、味精各适量。

制作方法：

1. 乳牛肝菌去蒂洗净，切成片，余水待用；芹菜、蒜苗、凤尾切成6厘米长的段。
2. 锅置火上，放入精炼油烧热下芹菜、蒜苗、凤尾炒断生，装入汤钵内垫底，锅内放精炼油烧至四成熟，下豆瓣、姜、蒜米炒香，加入鲜汤，放主料，调入味精、酱油、白糖、烧入味，勾芡起锅，盖在调料上，撒上刀口辣椒、花椒粉、蒜米、葱花。
3. 锅置火上，放入精炼油，烧至七成热，淋在刀口辣椒上即成。

双椒牛肝菌

主料：

牛肝菌、青红椒。

调料：

● 蒜片、精盐、糖、鲜汤、味精、蚝油、葱油、淀粉各适量。

制作方法：

1. 牛肝菌、青红椒均切成片。
2. 锅下葱油烧热，放入蒜片煸香，再加入青红椒、牛肝菌翻炒，掺少许鲜汤，用精盐、味精、糖、蚝油调好味，待主料熟后，用淀粉勾薄芡，起锅装盘。

操作要领：

牛肝菌厚薄要切得均匀。

营养特点

牛肝菌富含营养成分，有清热解烦、养血和中、舒筋活血、补虚提神的功效。

羊肚鱼云

主料:

鱼云、羊肚菌、玉米笋。

调料:

● 菠菜汁、泡椒末、姜米、蒜米、葱花、精盐、味精、酱油、白糖、醋、料酒、精炼油、鲜汤、水豆粉各适量。

制作方法:

1. 羊肚菌改刀成块,入水余制,待用;鱼云(鲢鱼腮内像云状的肉)改刀成块,入沸水中余制,待用。

2. 玉米笋对剖开成条,入沸水中煮熟待用;菠菜汁加入鸡蛋、面粉揉匀擀成皮,包上肉馅做成波饺,煮熟待用。

3. 锅置火上,放入精炼油,下泡椒末、姜、蒜米炒香出色,加入鲜汤烧沸,调入精盐、酱油、白糖,倒入羊肚菌、鱼云,用小火烧制2分钟至熟,下葱花、味精、醋,勾水豆粉,收汁亮油,起锅装于盘中,周围将煮好的波饺、玉米笋拼摆成形即成。

云腿鸡枞

主料:

云腿、鸡枞菌、青红椒。

调料:

● 姜米、蒜米、精盐、味精、精炼油、水豆粉各适量。

制作方法:

1. 将云腿、鸡枞菌、青红椒改刀,鸡枞菌加入精盐码入底味。

2. 锅下入精炼油烧热,投入码好的鸡枞菌滑熟。

3. 锅中留少许油,下入姜米、蒜米炒香,加入云腿、鸡枞菌、青红椒翻炒至熟,调入精盐、味精,用水豆粉勾芡,起锅装盘即可。

操作要领:

鸡枞菌滑油时,油温不能过高,有三成熟即可。

营养特点

鸡枞菌性平味甘,有补益肠胃、疗痔止血、益胃、清神等功效。

滑蛋虎掌菌

主料：

鸡蛋、虎掌菌、胡萝卜粒、菜粒、鲜虾仁。

调料：

● 精盐、鲜汤、葱油、豆粉各适量。

制作方法：

1. 虎掌菌先洗净，切粒，氽水，然后再与虾仁等分别过油；鸡蛋加汤、精盐等调匀，上笼蒸成芙蓉蛋，装盘。
2. 锅掺鲜汤，放入虎掌菌等，调好味烧熟，勾芡，起锅装盘即成。

操作要领：

虎掌菌一定要洗净；虾要抽去虾线。

营养特点

虎掌菌含粗纤维、维生素、氨基酸、糖类、铁、钙等；虾仁含蛋白质、脂肪等；鸡蛋含维生素、尼克酸、胆固醇、蛋白质等。

酸汤梅花参

主料：

水发梅花参、泡菜、青红椒圈。

调料：

● 精盐、味精、胡椒粉、精炼油、鲜汤各适量。

制作方法：

1. 梅花参洗净，切成片，下入沸水中氽熟透捞出，冲凉。
2. 锅中加入少许精炼油烧热，下入泡菜炒香，掺入鲜汤，加入梅花参片烧沸，调入精盐、味精、胡椒粉，等参烧入味时起锅装盘。
3. 锅中放入少许精炼油烧热，放入青红椒炒香，起锅倒入梅花参上即可。

操作要领：

梅花参氽水要熟透。

营养特点

梅花参含有较高的蛋白质，矿物质也较丰富，并且不含胆固醇，是理想的滋补品。

三色炒百合

主料：
鲜百合、红椒、西芹、鲜木耳。

调料：
● 生姜、花生油、盐、味精、白糖、湿生粉各适量。

制作方法：
1.鲜百合切好洗净，红椒切小片，西芹去筋切片，鲜木耳洗净切小片，生姜去皮切小片。
2.烧锅加水，待水开时，先后投入百合、西芹、鲜木耳片，用中火煮片刻倒出。
3.另烧锅下油，待油热时，放入生姜片、红椒片，翻炒几次，加入百合、西芹片、木耳片，调入盐、味精、白糖，用中火炒透入味，然后用湿生粉勾芡即可。

操作要领：
煮百合、西芹、木耳的时间要短，否则不爽脆。

清炒百合黄瓜

主料：
鲜百合、黄瓜。

调料：
● 植物油、鸡精、精盐、姜葱末各适量。

制作方法：
1.将百合择洗干净，黄瓜洗净，切成和百合大小差不多的薄片。
2.锅中放油烧热，下葱姜末爆香，放入百合、黄瓜片炒熟，放精盐、鸡精炒匀，起锅装盘即可。

操作要领：
此菜炒时火力一定要大，快速成菜。

营养特点

百合磷、锌和淀粉含量较高，并含有秋水碱等多种生物碱和人体必需的氨基酸及多种维生素，其与黄瓜相配，口味清甜，营养互补，促进神经系统健康，有营养滋补的功效。

玻璃冬瓜片

主料:
嫩冬瓜、胡萝卜。

调料:
● 蒜、熟花生油、精盐、白糖各适量。

制作方法:
1.将嫩冬瓜、胡萝卜去皮、洗净、切薄片,蒜切碎。
2.锅内烧水,待水开时投入冬瓜片、胡萝卜片烫至熟,捞起用凉水冲透,摆入碟内。
3.碗内加入冷开水、蒜末,调入盐、熟花生油、白糖调匀,淋在冬瓜上即可。

操作要领:
冬瓜偏素非常去油,可加些猪油炒制味道更香,如果选购的冬瓜不易炒熟透可加少量水焖熟。

营养特点
此菜有利尿排湿的功效,常吃有明显的减肥轻身作用,对肾炎水肿者则有消肿作用。

厨房小知识
冬瓜易吸味,烹制时不宜加入太多的盐,以免过咸。

三鲜酿黄瓜

主料：
大黄瓜、豆腐、荸荠、香菇。

调料：
● 姜末、白糖、醋、精盐、胡椒粉、淀粉各适量。

制作方法：
1. 黄瓜洗净切成段，将段中间的瓤挖出，底部留下约 1 厘米厚度。荸荠去皮洗净，沥干水分后切成末；香菇去蒂，切成末；豆腐洗净，压碎成豆腐泥。
2. 荸荠末、香菇末和豆腐泥一同装入碗中，加入精盐、姜末、淀粉以顺时针方向拌匀，制成三鲜馅料。
3. 将三鲜馅塞入黄瓜段中，然后将酿好的黄瓜置入浅盘内，隔水蒸熟。
4. 锅中加少许水，放入糖、醋、精盐煮沸，再调入胡椒粉，用淀粉勾芡，起锅淋在酿黄瓜上即可。

操作要领：
黄瓜要选取整个黄瓜的中间段。

营养特点
黄瓜有利尿的功效，有助于清除血液中像尿酸那样的潜在有害物质。黄瓜味甘性凉，具有清热利水、解毒的功效。

厨房小知识
在制作馅料时，要以顺时针方向搅拌食材。

鲜菇冬瓜圆

主料：
鲜菇、冬瓜球、胡萝卜球。

调料：
● 葱油、姜、葱、鲜汤、精盐、味精、淀粉、鸡油各适量。

制作方法：
1. 鲜菇、冬瓜球、胡萝卜球均入沸水中焯一水。
2. 锅下姜、葱炒香，掺入鲜汤，加进主料，用葱油、精盐、味精调好味，文火煮熟入味后勾芡，再淋入鸡油，起锅装盘即成。

操作要领：
冬瓜球、胡萝卜球的大小要一致；一定要用文火煮，以保持汤汁清亮。

营养特点
此菜有益气补虚、清肺热、利小便等食疗功效。

一品萝卜丝

主料：
嫩白萝卜、枸杞、青豆粒、玉米粒。

调料：
● 生姜、色拉油、盐、味精、白糖、熟鸡油各适量。

制作方法：
1. 嫩白萝卜去皮切成丝；枸杞泡透洗净；生姜去皮切成丝。
2. 烧锅加水，待水开时，投入白萝卜，用大火煮熟，捞起入凉水冲透。
3. 另烧锅下油，放入姜丝，注入清汤烧开，下入枸杞、青豆粒、玉米粒、白萝卜丝，调入盐、味精、白糖煮至入味，淋入熟鸡油即可食用。

操作要领：
应先将白萝卜丝煮熟，再放入凉水内冲透，煮出的萝卜丝色泽白且味不苦。

苦瓜酿珧柱

主料：

鲜珧柱、苦瓜、鸡脯肉、猪肥肉粒、火腿末、瓢儿白。

调料：

● 精盐、味精、胡椒粉、姜汁、葱汁、料酒、香油、清汤、豆粉、蛋清各适量。

制作方法：

1.鲜珧柱洗净，切成黄豆大小的粒；苦瓜切成圆圈，去籽焯水，在瓜内侧撒干豆粉，抹上蛋清；瓢儿白焯水备用。

2.鸡脯肉剁蓉，加进清汤、珧柱、肥肉粒、姜汁、葱汁、精盐、胡椒粉、蛋精、味精、香油、料酒搅匀，酿入苦瓜内，撒上火腿末，上笼蒸熟取出，摆入盘中，用瓢儿白从中间隔一下，加以点缀。

3.锅内掺汤烧沸，烹入精盐、味精，勾芡，淋入盘中菜上即成。

操作要领：

苦瓜上笼蒸约5分钟为佳，以保证苦瓜的色泽。

拔丝红薯

主料：

红薯（红心）。

调料：

● 全蛋糊、白糖、精炼油各适量。

制作方法：

1.红薯去皮，切成菱形块，裹上一层蛋糊，入精炼油锅中浸炸熟透捞出，沥去油分。

2.糖入锅制成糖液，放入红薯裹匀，装盘即成。

操作要领：

炸红薯时切忌把火烧得过旺；裹糖液要均匀。

营养特点

红薯含胡萝卜素、粗纤维、维生素、黏液蛋白、去氢表雄酮、淀粉、糖类、铁、磷等，《纲目拾遗》载其"补中，活血，暖胃，肥五脏"。

XO酱炒时蔬

主料：
山药、青笋、红椒。

调料：
● a料：盐、胡椒粉、料酒、白糖、味精、香油、鲜汤、水淀粉；
● XO酱、色拉油各适量。

制作方法：
1.山药、青笋、红椒分别切成长条状；a料入碗兑成味汁。
2.锅内烧油至五成热，投入山药炸至断生打起。
3.净锅内烧油至五成热，下入XO酱炒香，投入山药、青笋、红椒炒匀，最后烹入兑好的味汁炒匀装入盘中即可。

操作要领：
XO酱下锅不可久炒，以免炒焦。

营养特点

山药能健脾胃、补肺肾，主治泄泻久痢、消渴、虚劳、咳嗽、遗精及小便频等。

厨房小知识

新鲜山药切开时，黏液中的植物碱成分易造成奇痒，如不慎粘到手上，可以用清水加少许醋洗。

什锦酿苹果

主料：
红苹果、青豆粒、枸杞、马蹄。

调料：
- 盐、白糖、湿生粉各适量。

制作方法：
1. 红苹果切去 1/4，用小刀挖空，然后用盐水泡上；枸杞泡透；马蹄去皮切粒。
2. 碗中加入青豆粒、枸杞、马蹄粒，调入盐、白糖、湿生粉拌匀，酿入苹果内。
3. 蒸笼烧开水，摆入酿好的苹果，用旺火蒸 8 分钟，拿出即可食用。

操作要领：
苹果不能挖穿，而且蒸的时间要适宜。

营养特点

苹果可养颜、消疲劳，所含的苹果铁是补血佳品，能促使容颜红艳，对面容多皱、面色蜡黄的中老年妇女效果尤为明显。

铁板煎酿茄盒

主料：

茄子、猪五花肉。

调料：

● 鸡蛋、豆粉、鲜汤、精炼油、姜粒、蒜粒、葱花、泡椒末、精盐、味精、胡椒粉、陈醋、白糖各适量。

制作方法：

1. 茄子洗净，切成8厘米长、3厘米宽的盒夹；猪肉剁碎，加入姜粒、精盐、味精、胡椒粉、豆粉、鸡蛋液拌匀成馅；用鸡蛋液加豆粉、精炼油调成全蛋糊。

2. 将馅酿入茄夹，挂上全蛋糊，放入精炼油中炸至金黄色捞出。锅内留少许底油，放入姜粒、蒜粒、泡椒末、精盐、味精、白糖、陈醋炒出香味，掺少许鲜汤，用豆粉勾芡，制成味汁。

3. 将铁板烧烫，放入炸好的茄盒，淋入味汁，撒上葱花即可。

奶汁莴笋

主料：

莴笋尖、圆红椒、黄豆芽。

调料：

● 鲜牛奶、精盐、味精、料酒、水淀粉、植物油、麻油各适量。

制作方法：

1. 将莴笋削去外皮洗净，留用约10厘米长的莴笋尖（留尖端的小嫩叶2~3片，圆红椒切成粗丝）。

2. 锅中加适量水，下入黄豆芽烧成黄豆芽汤。

3. 锅烧热放油烧至五成热，把莴笋尖下锅滑炒至七成熟，放入黄豆芽汤、牛奶，以精盐、味精、料酒调味烧片刻。

4. 把莴笋尖整齐摆入盘中，随即把锅中汤汁用水淀粉勾稀芡，然后浇在盘中莴笋上，再淋上麻油即成。

醋熘藕片

主料：

鲜藕。

调料：

● 酱油、醋、 盐、味精、水淀粉、花椒油、葱末、姜末各适量。

制作方法：

1. 将藕去节，削皮洗净，顺长一剖两半再切成薄片，放开水锅中略烫，捞出沥干水分。

2. 炒锅放旺火上，倒油烧至温热，下葱末、姜末，马上烹入醋，加酱油、盐、清汤4汤勺。

3. 加藕片略炒，水淀粉勾芡，淋入花椒油。

操作要领：

藕要切得尽量薄一点，而且在清水内冲洗两三遍，把淀粉冲洗掉，炒出来的口感才会脆。

蜂窝玉米

主料：

嫩玉米、青红椒粒。

调料：

● 豆粉、精盐、精炼油、鸡蛋、面粉各适量。

制作方法：

1. 玉米先用清水漂起；鸡蛋磕入大碗内，调散后加入面粉、豆粉、精盐、清水调成较稀的面浆，最后在面浆里加入玉米粒。

2. 炒锅放入精炼油烧六成热，先下入从面浆中捞出的玉米粒，待炸成一个圆圈形，再边炸边淋入面浆，如此反复多次，直至锅中堆积的酥层形成一个"蜂窝"状。

3. 待锅中"蜂窝"炸至成形酥脆时，捞出沥净油，稍后再将"蜂窝"移入圆盘内，撒上青红椒粒即成。

奶油包菜

主料：
圆白菜。

调料：
● 精盐、味精、鲜牛奶、姜末、水淀粉、色拉油、鸡清汤各适量。

制作方法：
1. 将圆白菜洗净，用手撕成不规则的小片；胡萝卜去皮切成菱形薄片。
2. 用沸水将圆白菜和胡萝卜片分别焯水捞出晾凉。
3. 炒锅上火烧热，加入色拉油烧到六成热时，投入姜末、圆白菜、胡萝卜片煸炒片刻，倒入鸡清汤，烧至八成熟，放入精盐、味精、牛奶，烧至收汁时用水淀粉勾芡，搅拌均匀即成。

操作要领：
1. 不宜久炒，防止太软，影响口感。
2. 牛奶也可待最后开锅后再加。

营养特点
圆白菜富含叶酸、维生素 C，对胎儿的健康发育及促进孕妇血液循环、养颜美容都大有益处，可增进妊娠初期孕妇的食欲、促进消化。

厨房小知识
圆白菜适合冷藏，一次没用完的最好放入冰箱储存。

奶香土豆泥

主料:
土豆 1 个。

调料:
● 配方奶适量。

制作方法:
1. 土豆洗净,连皮放入锅中,加适量水,上火煮至熟软后取出,去皮后切成小块。
2. 把土豆块用汤匙或刀背磨压成泥状。
3. 把土豆泥放入碗中,加入配方奶拌即可。

操作要领:
给婴儿吃的土豆最好选购小个的,而出了芽的土豆有毒,千万不能选用。

营养特点
土豆是低热能、高蛋白、富含多种维生素和微量元素的食物,十分适宜做婴儿的添加辅食。

厨房小知识
土豆切开后要马上泡在水里,可以防止氧化。

春笋豌豆苗

主料：
豌豆苗、春笋。

调料：
● 精盐、味精、鸡汤、色拉油各适量。

制作方法：
1. 将豌豆苗择洗干净后沥干水；春笋切成长3厘米、宽1.5厘米的薄片待用。
2. 炒锅上火，倒入色拉油烧热，将春笋片入油滑熟，倒出沥油；锅内放入鸡汤，下入笋片，略烧入味起锅装盘待用。
3. 炒锅再上火放色拉油烧至七成热，倒入豌豆苗，旺火快炒，以精盐、味精调味，在放入笋片搅拌均匀，翻炒片刻即可。

操作要领：
春笋滑油后要用鸡汤煮至入味，增加鲜味；炒豌豆苗时用旺火、热油快速炒，才能保持营养成分及色泽鲜绿。

营养特点
春笋有低脂肪、低糖、多纤维的特点，有帮助消化、防止便秘、滋阴凉血、清热除烦、养肝明目的功效，还能预防便秘。

厨房小知识
春笋的烹饪可以分部位进行，底部笋适合煲汤，中间笋适合炒菜，头部笋尖炒鸡蛋或作肉丸的配料。

Part 6 温温暖暖 鲜美甘润

招牌川味创新菜之

汤 菜

苹果炖生鱼

主料:
苹果、生鱼、瘦肉。

调料:
● 绍酒、色拉油、盐、味精、红枣、生姜、胡椒粉、清汤各适量。

制作方法:
1. 苹果去核、去皮、切成瓣(用清水泡上);生鱼杀洗砍成块;瘦肉切成大片;红枣泡洗干净;生姜去皮切片。
2. 烧锅下油,放入姜片、生鱼块,用小火煎至两面稍黄,攒入绍酒,加入瘦肉片、红枣,注入清汤,用中火炖。
3. 待炖汤稍白,加入苹果瓣,调入盐、味精、胡椒粉,再炖 20 分钟即可食用。

操作要领:
炖时调味料不能下得过早,以免汤汁不白。

营养特点
此菜品补心养气、补肾益肝,对因肾亏体虚或睡眠不足等引起的黑眼圈有明显的改善作用。

厨房小知识
炖鱼汤时,不要中途加水。如果需加,也必须加开水,以免影响鱼汤的鲜味。

冬瓜生鱼汤

主料:

嫩冬瓜、本地生鱼。

调料:

● 生姜、葱、红枣、花生油、盐、味精、白糖、绍酒、胡椒粉各适量。

制作方法:

1. 嫩冬瓜去皮去籽切成块,本地生鱼杀洗净砍成块,生姜去皮切片,葱切段,红枣泡透。

2. 烧锅下油,放入姜片、生鱼块,用中火煎香,加入绍酒,加入清汤、红枣。

3. 待煮至汤稍白,加入冬瓜块、葱段,调入盐、味精、白糖、胡椒粉,用大火滚透即可。

操作要领:

杀鱼时鳞要去尽,别把鱼胆划破。

营养特点

此菜可清热解暑、利尿消肿、补肾固精,对男子睾丸发炎、腰坠疼痛或面浮肢肿、小便短少等有显著的改善作用。

厨房小知识

在烹调鱼时,加一杯啤酒,可去掉油腻味,使鱼更加爽口。

番茄鱼片汤

主料:

乌鱼、番茄、口蘑、黄瓜片、笋尖。

调料:

● 精盐、化猪油、鸡精、豆粉、鲜汤各适量。

制作方法:

1. 乌鱼宰杀洗净,去皮,切成片,加精盐、豆粉拌匀;番茄切片。

2. 锅注入鲜汤烧沸,将口蘑、笋尖、黄瓜片下锅略煮,放入精盐、鸡精调好味,待汤开后,投入鱼片、番茄片煮一会儿,撇去汤面浮沫,倒入容器即可。

操作要领:

切鱼片时,宜切得薄而大。鱼片入汤后,不宜久煮。

营养特点

乌鱼含蛋白蛋、脂肪、铁、钙、磷、维生素 B_1、维生素 B_2、尼克酸等成分,有消水肿、治湿痹、利水等功效。

鱼圆汤

主料:

草鱼肉。

调料:

● 料酒、大葱末、姜汁、精盐、鸡精、香油、胡椒粉、高汤、油菜心、鸡蛋清各适量。

制作方法:

1. 草鱼肉去净刺,剁成蓉;油菜心择洗干净切段。

2. 鱼蓉中加入蛋清、葱末、姜汁、食盐打成鱼肉馅,调好味。

3. 锅内添入汤,烹入料酒烧开,将调好的鱼馅挤成一个个丸子,氽入汤中煮熟,再加入菜心,调入少许精盐、鸡精、胡椒粉,淋上香油即成。

操作要领:

口味要做清淡一点,不要放太多精盐。

松茸菇煲土鸡

主料:

干松茸菌、土鸡、胡萝卜。

调料:

● 党参、山药、姜片、高汤、盐、味精、鸡精、料酒各适量。

制作方法:

1. 土鸡洗净,松茸菌洗净,分别汆水后,用凉水漂起待用;胡萝卜切块。
2. 将鸡、菌置于炖盅之内,下党参、山药、姜片、胡萝卜待用。
3. 高汤调入盐、味精、鸡精、料酒,倒入炖盅,上火炖8小时即成。

操作要领:

鸡一定要汆水充分,去除污血。

营养特点

松茸能强精补肾、恢复精力、益胃补气、强心补血、健脑益智,有理气化痰、抗辐射、驱虫、治糖尿病和抗癌等作用。

山珍土鸡煲

主料:

野山菌、土鸡。

调料:

● 精盐、鸡精、鲜汤、化鸡油、葱、大蒜各适量。

制作方法:

1. 将野山菌洗净;土鸡宰杀,去毛、内脏。
2. 煲内掺入鲜汤,调入精盐、鸡精、化鸡油、葱、大蒜,烧沸后放野山菌、土鸡炖熟即成。

操作要领:

收汤汁时要控制火力,以免影响鸡肉的口感。

营养特点

野山菌高蛋白、低脂肪,富含多种氨基酸和维生素,是天然无污染的绿色食品。

冬瓜杏仁汤

主料：
冬瓜、杏仁。

调料：
● 精盐、油、大蒜、桔梗、甘草各适量。

制作方法：
1. 将冬瓜洗净，切块；大蒜洗净切片；桔梗洗净切段。
2. 油入锅内烧热，大蒜入内煸香。
3. 锅内放入适量清水，加杏仁、桔梗、甘草、冬瓜一并以精盐调味后稍煮即成。

操作要领：
冬瓜煮的时间不宜过长，以免水分及营养流失。

营养特点
桔梗有开宣肺气、祛痰排脓的功效，多用于治疗外感咳嗽、咽喉肿痛、肺痈吐脓、胸满胁痛、痢疾腹痛。

厨房小知识
冬瓜洗净，不去皮煲汤，有利尿、消水肿的功效。

当归猴头菇养生汤

主料：
猴头菇、当归、红枣。

调料：
● 姜、葱、精盐、冬菇各适量。

制作方法：
1. 将猴头菇用沸水烫一下；冬菇浸软；红枣去核。
2. 将全部材料洗净放入锅内，用慢火煮2小时。
3. 然后调味即可。

操作要领：
猴头菇用沸水烫一下，洗净并用清水浸泡，以去除苦味，还有利于将其煲煮熟烂。

营养特点
猴头菇含脂肪、碳水化合物、钙、磷、铁、多种维生素、蛋白质等，能化痰理气、益胃和中、抗癌。

厨房小知识
新鲜的猴头菇呈白色，干制后呈褐色或金黄色。

瓦罐牛肉

主料：
鲜牛肋条肉、鸽蛋、火腿、凤爪、玉兰片。

调料：
● 姜、葱、香叶、精盐、味精、鸡精、鲜汤、精炼油各适量。

制作方法：
1. 鲜牛肉改刀成正方块，除水待用；鸽蛋煮熟，凤爪焯水待用。
2. 锅内下油少许，下牛肉、姜、葱煸炒至香，起锅装入瓦罐内，加鸽蛋、火腿、凤爪、玉兰片、香叶，灌入调好味的鲜汤，上笼蒸至牛肉熟软成熟时即可。

操作要领：
炒制时要将牛肉炒香，汤味要调好。

营养特点

牛肉的蛋白质含量比猪肉高一倍，而脂肪、胆固醇含量则比猪肉低得多，是比较典型的高蛋白、低脂肪食物。

山药炖羊肉

主料：
山羊肉、山药、陈皮。

调料：
● 姜块、葱段、盐、味精、胡椒粉、花椒、料酒各适量。

制作方法：
1. 羊肉洗净，放入水锅中煮去血污，切成块；山药去皮洗净，上笼蒸 1 小时后切成块。
2. 盛器中放入羊肉块、山药块、陈皮、姜块、葱段，再调入盐、胡椒粉、花椒、料酒，掺入清水加盖，上笼隔水蒸炖约 2 小时取出，调入味精即成。

操作要领：
羊肉要选用带皮的；山药上笼前用热水多浸泡。

营养特点

羊肉味甘、性温，有益气补虚、温中暖下等功效。

五彩猪红羹

主料：
猪血、火腿、丝瓜、鸡蛋、冬菇。

调料：
● 生姜、花生油、盐、味精、白糖、鸡精粉、湿生粉、麻油各适量。

制作方法：
1. 猪血切小丁，火腿切丁，丝瓜去皮去籽切丁，冬菇切丁，生姜切粒。
2. 烧锅加水，待水开时，下入猪血丁、冬菇丁，煮去其中异味，捞起待用。
3. 另烧锅下油，放入姜粒，注入鸡汤，用中火烧开，加入猪血、火腿、丝瓜、冬菇，调入盐、味精、白糖、鸡精粉烧开，用湿生粉勾芡，再打散鸡蛋推入，然后淋入麻油即可。

操作要领：
猪血要嫩；芡汁不能太浓。

玉米马蹄煲龙骨

主料：
猪龙骨、玉米、马蹄、胡萝卜。

调料：
● 精盐、鸡精各适量。

制作方法：
1. 龙骨洗净后切块，入热水中余制；玉米切段，胡萝卜去皮切滚刀块；马蹄去皮切半待用。
2. 龙骨冷水下锅，煲40分钟后将玉米放入，再煲20分钟将马蹄放入，再煲10分钟将胡萝卜放入，10分钟后加入精盐、鸡精出锅。

操作要领：
要注意不同食材的耐热性，合理控制放入的时间。

营养特点

龙骨除含蛋白、脂肪、维生素外，还含有大量磷酸钙、骨胶原、骨粘蛋白等。

桂圆鸡蛋羹

主料：
桂圆肉、鸡蛋。

调料：
● 枸杞、冰糖各适量。

制作方法：
1. 桂圆肉、枸杞洗净，沥干水分；鸡蛋磕入碗中打散。
2. 锅内掺入清水烧沸，放入桂圆肉、枸杞，以中火煲 20 分钟，再加入冰糖，倒进蛋液搅匀呈雪花状时即可。

操作要领：
如果选用的是桂圆干，应先用水浸软，然后去核。

营养特点

桂圆是补益心脾之佳果、养血安神之要药；枸杞久服坚筋骨、轻身不老、耐寒暑，一年四季均可服用。

雪花玉米羹

主料：
玉米浆（听装）。

调料：
● 鸡蛋、精盐、味精、白糖各适量。

制作方法：
1. 听装玉米浆倒入碗中，掺入开水调好；鸡蛋取蛋清搅匀。
2. 将调好的玉米浆倒入锅中，待沸时，撇去浮沫，加入蛋清，调味即成。

操作要领：
玉米浆加入开水宜适量，浮沫一定要去尽，以保证汤质效果。

营养特点

该菜营养丰富，其中玉米含有大量的赖氨酸，不但能控制肿瘤的生长，还能抵制抗癌药物所产生的副作用。

厨房小知识

制作该菜时，也可用新鲜的玉米磨浆，代替市售的玉米浆。

南瓜奶油汤

主料：
南瓜、鲜奶油、西洋芹菜。

调料：
● 盐、味素、胡椒粉各适量。

制作方法：
1. 将南瓜去皮及籽后切块，再将西洋芹菜榨汁。
2. 南瓜蒸熟后，捣成泥状。
3. 南瓜泥放入锅，再加入西洋芹菜汁、高汤及鲜奶油，煮开后洒上西洋芹菜叶末即可。

操作要领：
南瓜切成小块，较易蒸熟。

营养特点
南瓜富含蛋白质、维生素 A、维生素 B_1、维生素 B_2、维生素 C 等成分。

南瓜山药汤

主料：
南瓜、山药、绿豆、薏米。

调料：
● 精盐适量。

制作方法：
1. 将南瓜洗净，去瓤后切成块；山药、绿豆、薏米分别洗净。
2. 将南瓜块、山药、绿豆和薏米同时放入锅中，加适量清水用大火烧开后转用小火慢炖至绿豆酥烂，加入精盐调味即成。

操作要领：
煮汤前，最好把绿豆和薏米浸泡半小时。

营养特点
此汤营养丰富、低脂低糖、补肾健脑、提振精神，含多种氨基酸、维生素和微量元素。

厨房小知识
山药切开后，入水浸泡可以避免氧化变黑。

三菌甲鱼汤

主料：
甲鱼、枸杞、三菌（牛肝菌、鸡菌、香菇）。

调料：
● 精盐、味精、鸡精、自制上等清汤各适量。

制作方法：
1. 甲鱼宰杀后放血，入沸水中汆一下捞起，刮洗后去颈，再刮去裙边及表面上的粗皮，用刀顺着裙边将其划穿，除去内脏，用水洗净待用。
2. 取锅掺入自制清汤，放入甲鱼，先用旺火烧沸，再用微火炖 40 分钟，接着放入三菌、枸杞，炖后放入精盐、味精、鸡精，起锅装入盛器即可上桌。

操作要领：
甲鱼的粗皮一定要刮洗干净，以免影响汤的口感。

营养特点
甲鱼营养丰富，含有蛋白质、脂肪、碳水化合物、钙、磷、铁、多种维生素、尼克酸等。